北京郭沫若故居 结构检测与保护研究

张 涛 著

学苑出版社

图书在版编目（CIP）数据

北京郭沫若故居结构检测与保护研究 / 张涛著 . — 北京：学苑出版社，2020.10

ISBN 978-7-5077-5999-0

Ⅰ . ①北⋯　Ⅱ . ①张⋯　Ⅲ . ①故居—古建筑—建筑结构—检测—北京②故居—古建筑—保护—北京　Ⅳ . ① TU251.3

中国版本图书馆 CIP 数据核字（2020）第 173226 号

责任编辑： 周　鼎　魏　桦
出版发行： 学苑出版社
社　　址： 北京市丰台区南方庄 2 号院 1 号楼
邮政编码： 100079
网　　址： www.book001.com
电子信箱： xueyuanpress@163.com
联系电话： 010-67601101（营销部）、010-67603091（总编室）
印 刷 厂： 英格拉姆印刷(固安)有限公司
开本尺寸： 889×1194　1/16
印　　张： 15.25
字　　数： 252 千字
版　　次： 2020 年 11 月第 1 版
印　　次： 2020 年 11 月第 1 次印刷
定　　价： 360.00 元

编著委员会

主　编：张　涛

副主编：居敬泽　杜德杰　陈勇平

编　委：姜　玲　胡　睿　王丹艺　房　瑞　岳　明
　　　　周　颖　夏艳臣　张瑞姣　刘　通　刘易伦

目录

第一章　郭沫若故居概况

1. 历史沿革

郭沫若故居位于西城区前海西街 18 号，什刹海历史文化保护区内，周围文物建筑众多。是郭沫若 1963 年至 1978 年在京的住所。1965 年，北京市调整路名和门牌号以前，这里原为"西河沿 8 号"。该建筑占地 7000 平方米，建筑面积 2280 平方米，大门坐西朝东，门匾"郭沫若故居"为邓颖超 1982 年 9 月题写。

郭沫若（1892 年～1978 年），原名郭开贞，四川乐山人，是著名诗人、剧作家、历史学家、古文字学家、书法家、翻译家和社会活动学家。曾任全国人民代表大会常务委员会副委员长、中国人民政治协商会议全国委员会副主席、中国科学院院长、中国文联主席等职。

建筑原为清代乾隆年间（1736 年～1796 年）权相和珅的一处花园。嘉庆年间，和珅被赐死，花园遂废。同治年间，花园为恭王府的前院，是堆放草料及养马的马厩。民国时期恭亲王的后代将此处卖与天津达仁堂药店乐氏家族作为花园。1950 年～1959 年，此处曾是蒙古人民共和国驻华使馆所在地。1960 年至 1963 年，为宋庆龄寓所。1963 年 11 月，郭沫若由西四大院胡同 5 号搬至此处居住，直到 1978 年 6 月 12 日去世。在此居住期间，郭沫若著有《古代文字之辩证的发展》《中国古代史的分期问题》《李白与杜甫》《英诗译稿》等。

郭沫若逝世以后，郭沫若著作编辑出版委员会于 1979 年迁入本院，随后不久酝酿组成了"郭沫若纪念馆筹备小组"。1982 年 2 月中共中央书记处决定把郭沫若这个晚年的居住地定名为"郭沫若故居"，同年 8 月经国务院批准，"郭沫若故居"列入全国重点文物保护单位。

1982 年 11 月 16 日，郭沫若诞辰 90 周年时，"郭沫若故居"举行定名揭幕仪式，同时举办了短期的郭沫若生平展。1988 年 6 月 12 日，在纪念郭沫若逝世 10 周年之际，"郭沫若故居"正式对外开放，由中国科学院、中国社会科学院和全国雕塑规划小组共同建造的郭沫若全身铜像在故居的草坪上落成，国家副主席王震为之揭幕。

1992 年，北京市政府命名"郭沫若故居"为"北京市青少年教育基地"。（现更名为"北京市爱国主义教育基地"）1994 年，中国社会科学院决定将"郭沫若故居"更名为"郭沫若纪念馆"。

2000 年 5 月，郭沫若纪念馆经过一年的维修重新开馆，各展室陈列品做了大幅调整，更加方便游人从不同角度了解这位 20 世纪文化名人的一生。

2. 建筑形制

故居坐北朝南，为一座带花园的两进四合院。大门三间，东向，明间辟门洞，为广亮大门形式，门上方悬挂邓颖超题金字木匾一块，书"郭沫若故居"。门外街道对面有砖砌一字影壁一座。门内为故居南部，是花园部分，草坪中放置郭沫若先生铜像一尊。院内西南角建有翠珍堂，面阔四间，其余部分均由山石、林木等组成。故居北部为主体建筑所在，坐北朝南，二进院落。第一进院南侧有一殿一卷式垂花门一座，两侧各置铜钟一口。院内有正房五间，为郭沫若生前办公、起居等用房，过垄脊筒瓦屋面，前后廊，檐下绘掐箍头彩画。两侧耳房各一间。东、西厢房各三间，过垄脊筒瓦屋面，前出廊，檐下绘掐箍头彩画。院内各房由抄手游廊相互连接。第二进院有后罩房十一间，前后廊，过垄脊合瓦屋面，檐下绘掐箍头彩画，是郭沫若夫人于立群女士的写字间、画室及卧室。院内四周建平顶游廊连接各房。院落东侧有跨院一座，院内有东房三间，鞍子脊合瓦屋面，前出平顶廊。北房两间，过垄脊合瓦屋面。

第二章　检测鉴定方案

受郭沫若故居管理处委托，我所将对郭沫若故居进行文物建筑结构安全性鉴定工作。

对郭沫若故居进行安全检测，主要因为3个方面。一、郭沫若故居为近期未曾修缮过的重要文物建筑，且已经出现结构变形及破坏现象，其结构安全状况不明确有必要进行结构安全性鉴定。二、郭沫若故居附近有车辆通过，产生大量震动，这种长期的震动是否会对郭沫若故居文物建筑产生影响，尚不明确，有必要进行振动检测。三、郭沫若故居作为公共设施仍在频繁使用中的文物建筑群。郭沫若故居文物建筑的安全不仅关系到文化遗产的保护与延续，也关系到开放及使用中的公众的安全。

尽量采用现代无损检测技术，检测并鉴定文物建筑的结构安全性，为保证文物本体及使用开放的安全提供技术依据。

现根据郭沫若故居文物建筑的现状，参照我国现行有关结构安全鉴定的标准，结合现有检测鉴定技术，制定本次结构安全性鉴定的初步方案。

近年来，郭沫若故居木构件多处发生歪闪，墙体多处发生鼓闪、开裂。针对上述这些情况，有必要尽快采用科技手段查明结构及构造，探明结构损伤程度及成因，评估鉴定结构安全性，为郭沫若故居文物建筑的保护修缮及安全开放使用提供科学依据及有力支撑，以保障文物及使用的安全。

本次郭沫若故居拟进行结构安全性检测的项目共18项，检测总面积约1686平方米。郭沫若故居各文物建筑面积概况见下表。

序　号	名　称	检测面积（平方米）
1	1号房	57
2	2号房	56

续表

序　号	名　称	检测面积（平方米）
3	3号房	123
4	4号房	256
5	5号房	24
6	6号房	24
7	7号房	67
8	8号房	67
9	9号房	212
10	10号房	31
11	11号房	92
12	12号房	92
13	13号房	36
14	14号房	36
15	15号房	81
16	16号房	36
17	17号房	97
18	后建仿古建筑	300
	合计	1686

此次检测将全面检查结构的承载状况，及时发现结构安全隐患，评估结构的安全性。

1. 安全检测及鉴定标准

与鉴定现代建筑不同，鉴定古建筑现无一套现成的体系和技术，须根据建筑的实际情况，结合现有结构鉴定技术，制定具体的方法。

本次鉴定主要按照《古建筑结构安全性鉴定技术规范　第1部分：木结构》（DB11/T 1190.1—2015）《古建木结构维护与加固技术规范》（GB 50165—92）的结构可靠性标准和相应方法进行。参照执行的相关现行规范有：《民用建筑可靠性鉴定标准》（GB50292—1999）；《建筑结构检测技术标准》（GB/T 50344—2004）；《古建筑防工业振动技术规范》（GB/T 50452—2008）。

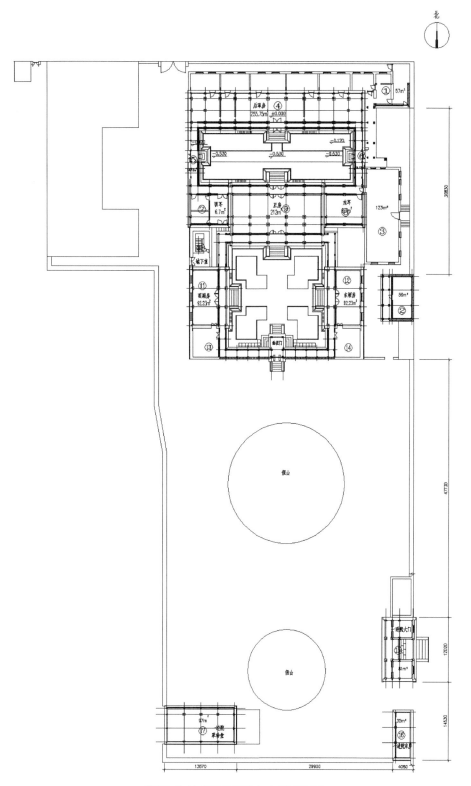

郭沫若故居平面图（中部院落）

由于这些规范中有关古建筑的内容还不完善或不具体，实施时还须结合现场情况，进行大量的试验和分析研究。

建筑结构的安全性鉴定主要目的为：

（1）危险性鉴定：及时地发现结构危险状况，防止结构突然垮塌。

（2）可靠性鉴定：查明结构的承载状况和安全隐患，评估结构的使用性和安全性。为建筑结构的保护设计提供技术依据。

3. 检测及鉴定程序和内容

结构安全鉴定基本程序：确定鉴定标准，明确鉴定的内容和范围；资料调研，收集分析原始资料；现场勘查，检测结构现状和残损部位；分析研究，评估结构承载能力；鉴定评级，对调查、检测和验算结果进行分析评估，确定结构的安全等级。

现场勘查时，我们可根据需要采用以下常规的或先进的检测技术。

3.1 检查材料强度

（1）回弹法：回弹仪，非破损检测混凝土、黏土烧结砖和砌筑灰浆的强度。

（2）贯入法：贯入仪，非破损检测砌筑灰浆的强度。

（3）超声波探伤：超声仪，非破损检测混凝土、石材、木材内部缺陷和裂缝深度。

（4）实验室材性检测：木、混凝土、石和钢等建材样品的力学性能检测。

（5）钻孔取芯法：水钻，半破损检测混凝土和石材强度，探查材料或结构内部情况。

（6）木构件树种鉴定：对主要结构木构件，分别取样进行树种鉴定，确定材料力学性能范围。

3.2 探查缺陷

（1）雷达探伤：探地雷达，非破损检测混凝土和砌体结构深部缺陷，探测地下结构部位。

（2）内窥镜：内窥镜，通过结构或材料孔隙，探查隐蔽部位情况。

（3）木构件安全无（微）损检测：使用应力波三维成像仪和木构微钻阻力仪，对重要的木构件进行安全无（微）损检测。

3.3 现场检测

（1）高精度全方位测量：全站仪直接或间接全方位测量结构的几何尺寸，还可测量结构的倾斜、变位和构件挠度。

（2）高精度自动扫平：自动扫平仪，在高空中测量结构各部位的水平或垂直度，以及构件的倾斜、变位和构件挠度。

（3）脉动测试法：频谱数据采集仪，检测结构的动力特性，自振频率和振幅。

3.4 实验室模拟试验

模拟试验：动、静力加载检验模拟构件、结点或结构的承载能力。

对于结构承载力验算，可依据现行有关设计规范进行。复杂结构可采用 SAP 或 ANSYS 等高精度有限元程序进行受力分析。

进行古建筑结构安全鉴定时，需解决以下技术难点：

（1）由于年代久远，原始技术资料几乎没有或严重缺失，须搜集有限的史料和查寻现场的技术信息。

（2）对古建的各种材料的力学性能研究较少；常规的无损检测方法不能直接用于古建材料的检测，采用模拟和比对试验等方法推定的精度有待提高。

（3）无损探伤技术的探测精度和深度也有待提高。

（4）结构整体的受力状况复杂，缺少简明的结构承载力验算方法。

4. 检测及鉴定项目明细

按照鉴定标准、程序及内容，结合各单项的结构类型及保存现状，初步确定检测鉴定项目及基本工作内容如下表。

结构检测鉴定工作内容明细表

序　号	名　　称
1	1号房
2	2号房

续表

序　号	名　称
3	3号房
4	4号房
5	5号房
6	6号房
7	7号房
8	8号房
9	9号房
10	10号房
11	11号房
12	12号房
13	13号房
14	14号房
15	15号房
16	16号房
17	17号房
18	后建仿古建筑
结构检测与评估内容	
1	常规工程检测鉴定
2	结构勘察测绘
3	脉动法测量结构振动性能
4	雷达、红外、超声探测结构内部构造
5	文物建筑木构件树种鉴定
6	文物建筑木构件安全无（微）损检测
7	建筑补测
8	辅助用工及临时设施

第三章　二号房结构安全检测鉴定

1. 建筑概况

1.1 建筑简况

二号房面积约 56 平方米，硬山建筑，面阔三间，进深一间，有前廊。

1.2 现状立面照片

二号房南立面

二号房北立面

1.3 建筑测绘图纸

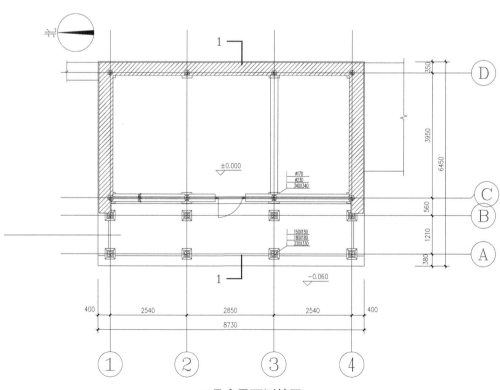

二号房平面测绘图

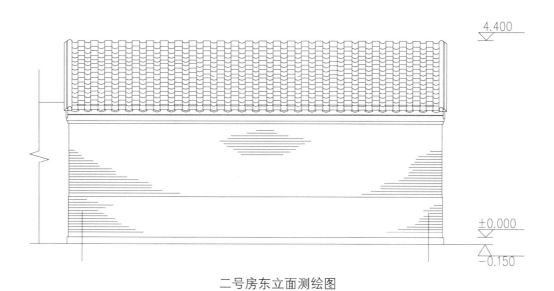

二号房东立面测绘图

二号房西立面测绘图

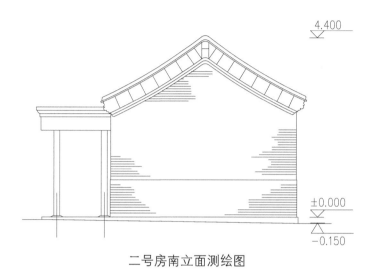

二号房南立面测绘图

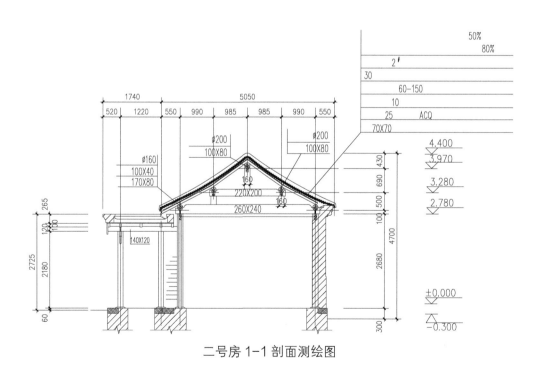

二号房 1-1 剖面测绘图

2. 结构振动测试

现场使用 941B 型超低频测振仪、Dasp 数据采集分析软件对结构进行振动测试，测振仪放置在屋顶中间部位的西侧檐部；同时测得结构水平最大响应速度为 0.18 毫米 / 秒。

结构振动测试一览表

方向	峰值频率（赫兹）
东西向	7.62
南北向	7.03

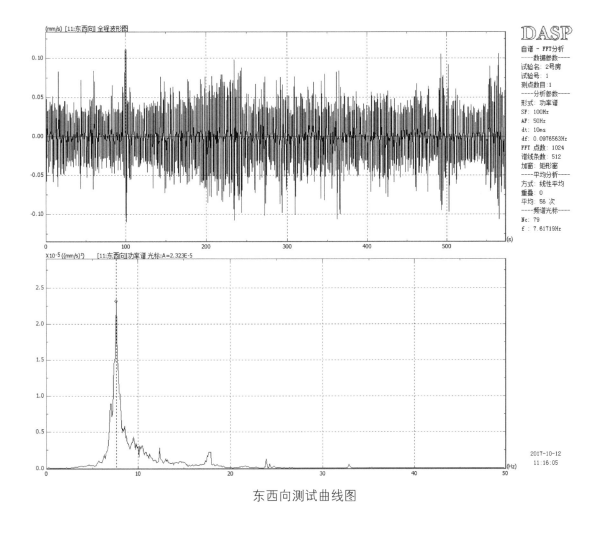

东西向测试曲线图

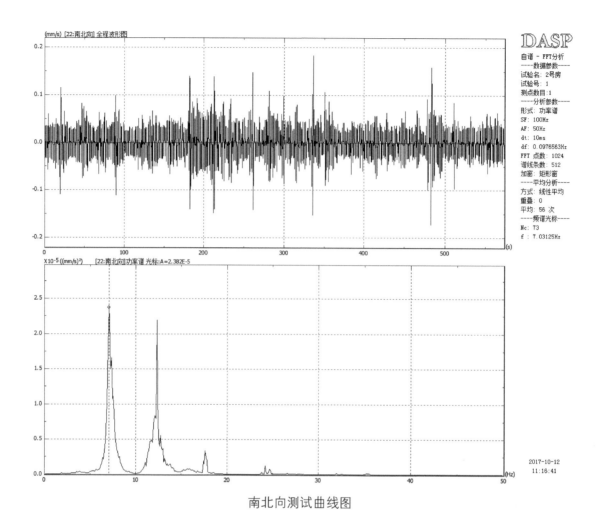

南北向测试曲线图

自振频率是由质量和刚度共同决定的，其中，建筑平面体型、墙体布置、结构内部损伤等因素会影响结构的刚度。

依据《古建筑防工业振动技术规范》GB/T50452—2008，古建筑木结构的水平固有频率为

$$f = \frac{1}{2\pi H} \lambda_f \varphi \frac{1}{2 \times 3.14 \times 2.73} \times 1.571 \times 52 = 4.76\text{Hz}$$

结构东西向的实测频率为 7.62 赫兹，高于计算频率，推测是由于本结构为硬山建筑，南侧有贴建建筑物，结构刚度变大，导致结构频率变高。

根据《古建筑防工业振动技术规范》GB/T50452—2008，对于国家文物保护单位关于木结构顶层柱顶水平容许振动速度最高不能超过 0.18 毫米 / 秒～0.22 毫米 / 秒，本结构水平振动速度未超过规范的限值。

3. 地基基础雷达探查

采用地质雷达对结构地基基础进行探查。雷达天线频率为300兆赫，雷达扫描路线示意图、结构详细测试结果如下：

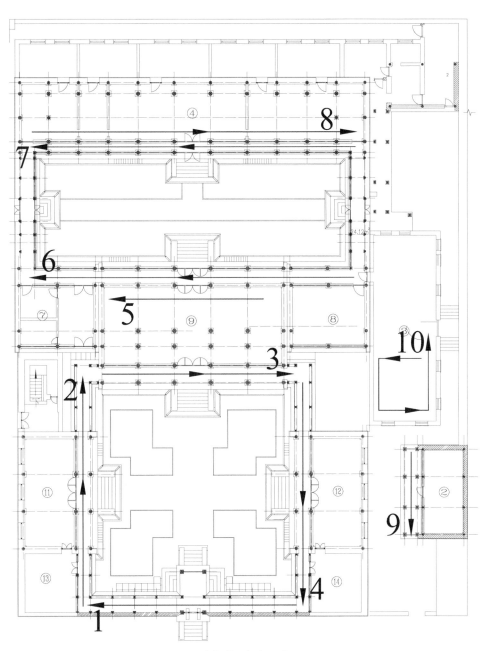

雷达扫描路线示意图

路线 1（西侧台基）雷达测试图

雷达测试结果可见，台基上方不够均匀，台基下方地基雷达反射波基本平直连续，没有明显空洞等缺陷。

由于地面无法开挖与雷达图像进行比对，解释结果仅作为参考。

4. 结构外观质量检查

4.1 地基基础

经现场检查，台基未见明显损坏，上部结构未见因地基不均匀沉降而导致的明显裂缝和变形，建筑的地基基础承载状况基本良好，台基现状如下图：

二号房西侧台基

4.2 围护结构

经现场检查，墙体基本完好，没有明显的开裂和鼓闪变形，现状如下图：

二号房北侧外墙

二号房南侧外墙

4.3 屋盖结构

经现场检查，屋盖结构基本完好，未见其他破损现象，未见明显渗漏现象，屋檐现状如下图：

二号房西侧屋檐

4.4　木构架

对二号房具备检测条件的木构架进行检查，经检查，木构架存在的残损现象主要有：

（1）部分梁枋檩等构件存在干缩裂缝。

（2）个别瓜柱卯口下方存在劈裂现象。

典型木构架残损现状、各榀木梁架现状如下：

二号房木构架3轴五架梁裂缝

二号房木构架轴脊瓜柱卯口劈裂

二号房 2 轴梁架

二号房 3 轴梁架

二号房 4 轴梁架

4.5 木构架局部倾斜

现场测量部分柱的倾斜程度，测量结果如下：

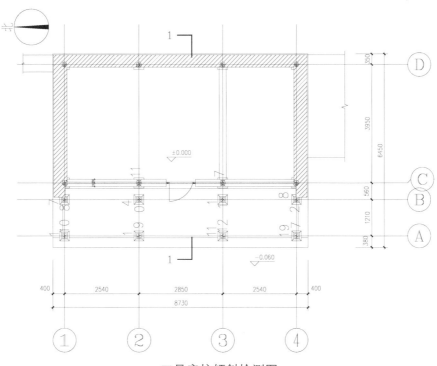

二号房柱倾斜检测图

柱边的数据表示柱底部 1.0 米的高度范围内上端和下端的相对垂直偏差，数字的位置表示柱上部偏移的方向。由图可见，A 轴檐柱和 B 轴檐柱的上端在南北方存在向北侧偏移的趋势，A 轴檐柱和 C 轴金柱上端在东西方向有向东侧偏移的趋势。

古建常规做法中，金柱和檐柱一般设置侧脚，会向中间偏移。目前各柱在东西方向的趋势基本正常。但 A、B 轴檐柱向北侧的偏移趋势与建造时存在差异，最大相对位移（4–A 柱）Δ=19 毫米 >H/90=11 毫米，超出了规范的限值。

5. 木结构材质状况勘察

5.1 勘察概述

勘查目的

主要对木结构进行无（微）损检测，评价其材质状况（腐朽、开裂、断裂等）；检测同时对部分木构件进行取样和树种鉴定，以获得该建筑使用木材的物理力学性质等特性，从而为古建筑维护选材提供依据。

勘查方法

在条件具备的情况下，通过观测、敲击和简单工具对该建筑单体所有能触及的木构件进行普查，记录木构件的材质状况，包括含水率概况，开裂、腐朽等，对存在问题的木构件选择性进行取样和树种鉴定。

抽查部分裸露的木柱进行阻力仪深层探测，以抽查目测存在缺陷、含水率较高或敲击异常的木柱为主。

阻力仪检测结果说明

此次对木结构材质状况的勘查主要分为以下 3 个步骤：木构件材质状况普查、主要承重构件的深层检测和构件的树种鉴定。建筑单体的普查是通过目测、敲击和部分工具对该建筑单体所有能触及的木构件进行整体检测，记录木构件的材质状况；深层检测是在普查的数据基础上，利用无损检测仪器对部分存在问题的立柱构件进行深层分析。用于本次深层检测的仪器为阻力仪。

阻力仪检测结果中，黄色区域表示估计的轻度腐朽面积；橘红色区域表示估计的中度腐朽面积；红色区域表示估计的重度腐朽面积或裂缝区域。本书中绘制的腐朽面积和真正的腐朽面积有一定误差，但不影响分析结果。一般来说，绘制图较多的柱子，其腐朽问题也比较严重。

立柱勘查一般从距柱根20厘米开始约到柱高1/3，若20厘米处明显严重腐朽或探测存在问题则每隔一定高度（如30厘米）往上补充勘查，比如说20厘米、50厘米、80厘米，依此类推；若20厘米处探测没有材质问题，则不进行50厘米高度的探测。下述图中若只有20厘米高度的勘查图形，表示50厘米高度及以上的勘查结果正常。

轻度区域　　　　　　中度区域　　　　重度腐朽或裂缝区域

缺陷分等示意图

5.2 材质状况检测结果

经测试，二号房木构件平均含水率为12.85%，木构件含水率大多在10.0%～18.0%之间；不存在含水率测定数值非常异常的木构件。

二号房存在的主要材质问题为开裂，如五架梁3-C-D贯通开裂（最宽处约宽1.5厘米），脊檩2-3-C贯通开裂（最宽处约宽1.5厘米），前金檩2-3-C贯通开裂（最宽处约宽1.5厘米），前金檩3-4-C贯通开裂（最宽处约宽1.5厘米），后金檩3-4-D贯通开裂（最宽处约宽1.5厘米）。

部分木构件材质状况现场照片如下：

二号房三架梁4-C-D开裂（约长150厘米最宽处约宽1.5厘米，深8厘米）

二号房五架梁 3-C-D 贯通开裂（最宽处约宽 1.5 厘米，深 8 厘米）

二号房五架梁 4-C-D 贯通开裂（最宽处约宽 1.0 厘米，深 6 厘米）

二号房脊檩 2-3-C 贯通开裂（最宽处约宽 1.5 厘米，深 8 厘米）

二号房前金檩 2-3-C 贯通开裂［最宽处约宽 1.5 厘米，深 8 厘米（前檐檩同样贯通开裂）］

二号房前金檩3-4-C贯通开裂（最宽处约宽1.5厘米，深8厘米）

二号房后金檩3-4-D贯通开裂（最宽处约宽1.5厘米，深8厘米）

5.3 阻力仪检测结果

通过对二号房立柱普查数据进行分析，选取以下立柱进行了阻力仪检测，结果表明 A-1、A-2、C-1 内部存在极轻微的残损，检测立柱统计信息如下：

二号房立柱材质状况简表

编号	名称	位置	材质状况
NO.1	柱	A-1	立柱内部存在轻微残损。
NO.2	柱	A-2	立柱内部存在轻微残损。
NO.3	柱	A-4	未发现严重残损。
NO.4	柱	B-1	未发现严重残损。
NO.5	柱	B-4	未发现严重残损。
NO.6	柱	C-1	立柱内部存在轻微残损。
NO.7	柱	C-4	未发现严重残损。
NO.8	柱	其他	其他裸露立柱通过普查未发现严重残损。
备注：残损计算面积及位置和真正残损会有一定的误差，但一般来说残损检测面积越大的其实际残损也越严重；图中橙色为中度及以上的残损区域，黄色为轻度残损区域。			

检测存在问题立柱的残损位置及大小示意图如下：

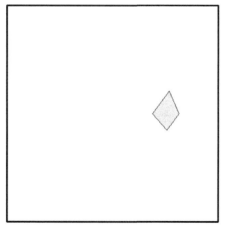

A-1立柱残损示意图（高度20厘米处）

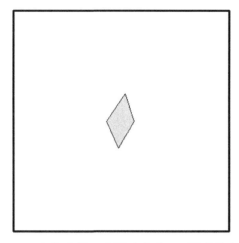

A-2 立柱残损示意图（高度 20 厘米处）

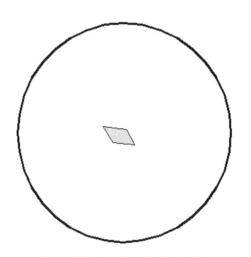

C-1 立柱残损示意图（高度 20 厘米处）

5.4 树种鉴定结果

本报告中所涉及的相关树种鉴定结果，均是在不破坏和不影响各建筑外观、结构和功能的前提条件下，采用多种方法对各构件进行取样，经专业人员切片、制片，再由有关专家通过光学显微镜观察，并查阅大量的相关资料得出。

二号房木构架树种鉴定结果如下：

二号房木构架树种鉴定表

编号	名称	位置	树种	拉丁学名
1	柱	A-1	落叶松	*Larix sp.*

续表

编号	名称	位置	树种	拉丁学名
2	柱	B-4	冷杉	*Abies sp.*
3	柱	D-3	落叶松	*Larix sp.*
4	三架梁	3-C-D	落叶松	*Larix sp.*
5	五架梁	3-C-D	落叶松	*Larix sp.*
6	后金檩	2-3-D	硬木松	*Pinus sp.*
7	后檐檩	2-3-D	落叶松	*Larix sp.*

6. 结构安全性鉴定

6.1 评定方法和原则

根据 DB11/T 1190.1—2015，古建筑安全性鉴定分为构件、子单元、鉴定单元 3 个项目。首先根据构件各项目检查结果，判定单个构件安全性等级，然后根据子单元各项目检查结果及各种构件的安全性等级，判定子单元安全性等级，最后根据各子单元的安全性等级，判定鉴定单元安全性等级。

本次鉴定将委托鉴定的区域列为 1 个鉴定单元，每个鉴定单元分为地基基础、上部承重结构及围护系统 3 个子单元，分别对其安全性进行评定。

6.2 子单元安全性鉴定评级

地基基础安全性评定

经检查，未发现地基基础存在影响上部结构安全的不均匀沉降裂缝和明显变形，因此，本鉴定单元地基基础的安全性评为 A_u 级。

上部承重结构安全性评定

（1）构件的安全性鉴定

木构件的安全性等级判定，应按承载能力、构造、不适于继续承载的位移（或变形）、裂缝、腐朽、虫蛀、天然缺陷、历次加固现状等检查项目，分别判定每一受检构件的等级，并取其中最低一级作为该构件的安全性等级。

29

1）木柱安全性评定

3根柱存在轻微残损，评为b_u级；其余柱未发现存在明显变形、裂缝及腐朽等缺陷，均评为a_u级。

经统计评定，柱构件的安全性等级为A_u级。

2）木梁架中构件安全性评定

3根梁存在明显开裂，裂缝深度超过材宽的1/4，上述梁构件评为c_u级。

4根檩存在明显开裂，裂缝深度超过材宽的1/4，上述梁构件评为c_u级。

其他梁檩枋楞木构件未发现存在明显变形、裂缝及腐朽等缺陷，均评为a_u级。

经统计评定，梁构件的安全性等级为C_u级；檩、枋、楞木的安全性等级为C_u级。

（2）结构整体性安全性评定

1）整体倾斜安全性评定

经测量，结构存在一定程度的整体倾斜，评为B_u级。

2）局部倾斜安全性评定

经测量，有1根柱子的柱头与柱脚的相对位移大于H/90，多根柱子存在一定程度的相对位移，但未大于H/90，局部倾斜综合评为B_u级。

3）构件间的联系安全性评定

纵向连枋及其联系构件的连接未出现明显松动，构架间的联系综合评为A_u级。

4）梁柱间的联系安全性评定

榫卯节点未发现存在拔榫现象，梁柱间的联系综合评定为A_u级。

5）榫卯完好程度安全性评定

榫卯材质基本完好，1处榫卯存在明显劈裂，榫卯完好程度综合评定为B_u级。

综合评定该单元上部承重结构整体性的安全性等级为B_u级。

综上，上部承重结构的安全性等级评定为C_u级。

围护系统安全性评定

围护系统主要包括自承重墙体、屋面等构件。

墙体未发现存在明显开裂，风化及变形，该项目评定为A_u级。

屋面未见明显破损现象，该项目评定为A_u级。

综合评定该单元围护系统的安全性等级为A_u级。

6.3 鉴定单元的鉴定评级

综合上述，根据 DB11/T 1190.1—2015《古建筑结构安全性鉴定技术规范 第 1 部分：木结构》，鉴定单元的安全性等级评为 C_{su} 级，安全性不符合本标准对 A_{su} 级的要求，显著影响整体承载。

7. 处理建议

（1）建议对开裂程度相对较大的梁枋檩及瓜柱等木构件进行修复处理，可采用嵌补的方法进行修整，再用铁箍箍紧。

（2）对存在倾斜木柱进行定期观测。

第四章　三号房结构安全检测鉴定

1.建筑概况

1.1 建筑简况

三号房面积约 123 平方米，砖木建筑，由砖墙及木柱混合承重，三角形木构架屋架，面阔六间，进深一间。

1.2 现状立面照片

三号房北立面

三号房东立面

三号房南立面

1.3 建筑测绘图纸

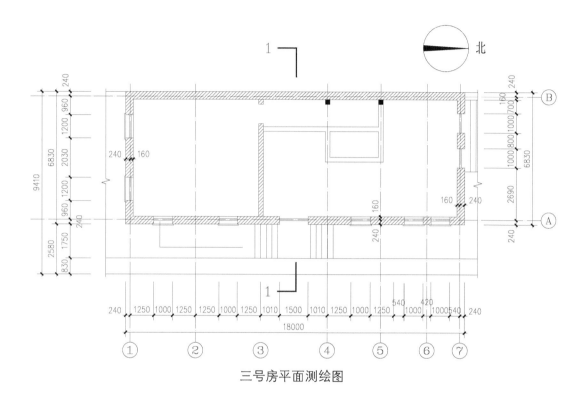

三号房平面测绘图

三号房南立面测绘图

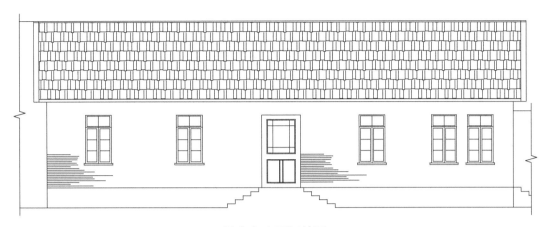

三号房东立面测绘图

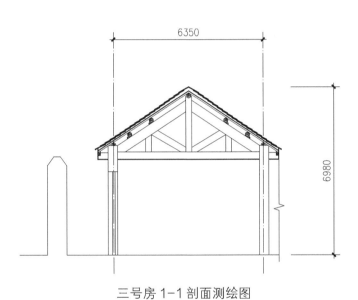

三号房 1-1 剖面测绘图

三号房北立面测绘图

2.结构振动测试

现场使用 941B 型超低频测振仪、Dasp 数据采集分析软件对结构进行振动测试，测振仪放置在 3 轴墙体顶部上；同时测得结构水平最大响应速度为 0.070 毫米／秒。

结构振动测试一览表

方向	峰值频率（赫兹）
东西向	7.52
南北向	8.59

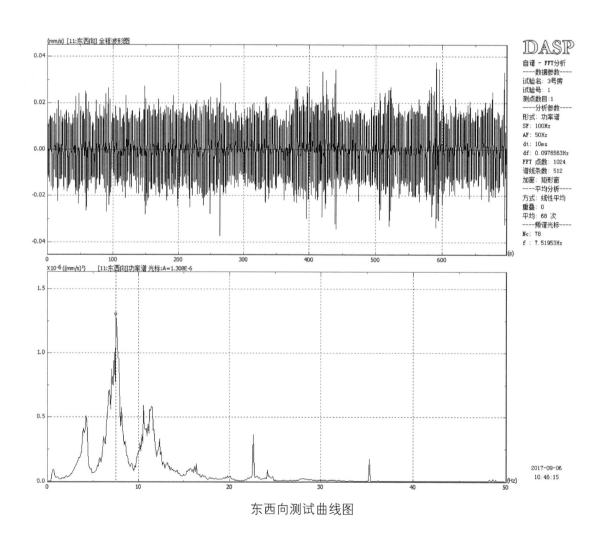

东西向测试曲线图

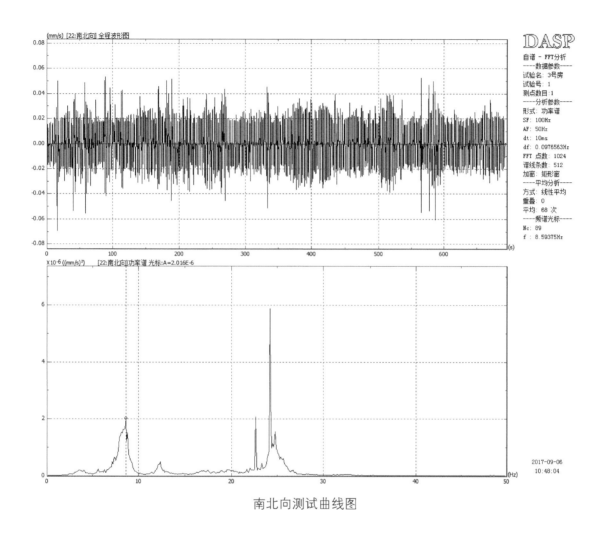

南北向测试曲线图

根据《古建筑防工业振动技术规范》GB/T50452—2008，对于国家文物保护单位关于木结构顶层柱顶水平容许振动速度最高不能超过 0.18 毫米/秒～0.22 毫米/秒，本结构水平振动速度未超过规范的限值。

3. 地基基础雷达探查

采用地质雷达对结构地基基础进行探查。雷达天线频率为 300 兆赫，雷达扫描路线示意图、详细测试结果如下：

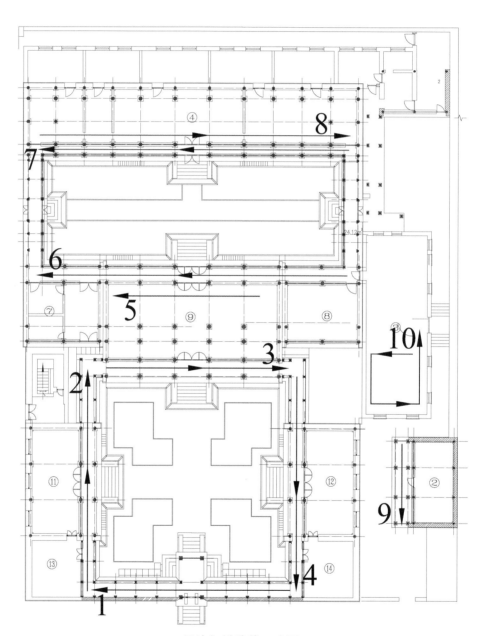

雷达扫描路线示意图

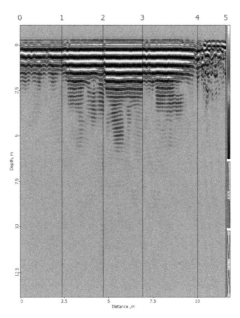

路线1（室内地面）雷达测试图

由雷达测试结果可见，室内下方雷达反射波基本平直连续，没有明显空洞等缺陷；局部存在强反射（中上部区域），表明房间内部和走廊处下方地基处理方式存在区别。

由于地面无法开挖与雷达图像进行比对，解释结果仅作为参考。

4. 结构外观质量检查

4.1 地基基础

经现场检查，台基未见明显损坏，上部结构未见因地基不均匀沉降而导致的明显裂缝和变形，建筑的地基基础承载状况基本良好，台基现状如下图：

三号房北侧台基

4.2 砌体墙

经现场检查，墙体存在缺陷如下；

（1）南侧墙体1-A-B上部小窗下方存在竖向裂缝，裂缝长度1米，宽度约5毫米。经探查，内部墙体未开裂，但墙体经人工剔凿插入天花梁，导致外部出现了开裂，非结构受力裂缝。

三号房南侧外墙开裂

三号房南侧外墙内部

（2）3-A-B 西侧墙垛存在明显裂缝。

三号房北侧外墙

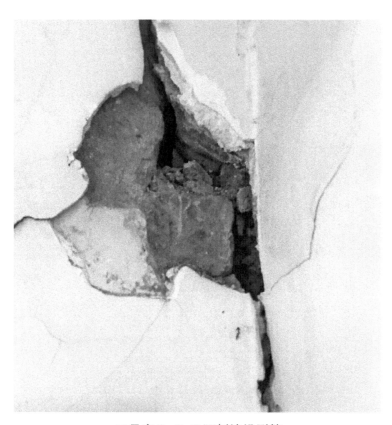

三号房 3-A-B 西侧墙垛裂缝

4.3 屋盖结构

经现场检查，屋盖结构基本完好，未见其他破损现象，未见明显渗漏现象。

4.4 木构架

对三号房具备检测条件的木构架进行检查，经检查，木构架存在的残损现象主要有：部分木构架的斜杆出现开裂现象。

典型木构架残损现状、各榀木梁架现状如下：

三号房木构架 2 轴西侧斜杆裂缝

三号房木构架 5 轴北侧斜杆开裂及渗水迹象

三号房木构架 6 轴北侧斜杆开裂

三号房 1 轴梁架

三号房 2 轴梁架

三号房 2 轴梁架

三号房 3 轴梁架

三号房 4 轴梁架

三号房 5 轴梁架

三号房 6 轴梁架

三号房 7 轴梁架

4.5 材料强度检测

（1）对砌体砖墙，采用回弹法检测墙砖的抗压强度。

根据 GB/T50315—2011，推定一层墙砖的强度等级均为 MU10，统计结果如下：

墙砖强度回弹检测表

层数	平均值（兆帕）	标准差（兆帕）	变异系数	标准值（兆帕）	最小值（兆帕）	推定等级
1	12.8	0.38	0.03	12.09	12.3	MU10

一层砖墙的砖强度具体数据如下：

墙砖强度具体检测表（兆帕）

层数	轴线位置	项目	1	2	3	4	5	6	7	8	9	10	平均值
1	3–A–B	回弹值	37.8	38.4	40.0	35.6	3	39.6	38.8	36.8	39.0	38.6	
		换算值	12.8	13.5	15.3	10.6	12.2	14.8	13.9	11.8	14.1	13.7	13.3
	1–A–B	回弹值	35.0	37.0	38.2	38.2	37.6	35.0	36.4	38.0	39.6	37.8	
		换算值	10.0	12.0	13.2	13.2	12.6	10.0	11.4	13.0	14.8	12.8	12.3
	1–2–A	回弹值	36.6	38.4	36.8	40.4	36.2	35.4	36.6	35.4	39.8	40.4	
		换算值	11.6	13.5	11.8	15.7	11.2	10.4	11.6	10.4	15.0	15.7	12.7
	3–4–A	回弹值	38.6	35.6	3	39.4	37.0	38.0	38.0	35.2	40.4	39.2	
		换算值	13.7	10.6	12.2	14.6	12.0	13.0	13.0	10.2	15.7	14.3	12.9
	3–4–B	回弹值	38.4	38.6	36.4	38.0	37.6	36.6	37.0	36.0	36.8	38.6	
		换算值	13.5	13.7	11.4	13.0	12.6	11.6	12.0	11.0	11.8	13.7	12.4
	7–A–B	回弹值	36.2	38.6	37.8	37.4	37.0	39.8	40.6	38.2	3	37.8	
		换算值	11.2	13.7	12.8	12.4	12.0	15.0	15.9	13.2	12.2	12.8	13.1

47

（2）砂浆强度检测

对砌体砂浆，采取回弹法检测砌体墙的砂浆强度。

根据 GB/T50315—2011，推定一层砂浆强度取 0.56 兆帕，统计结果如下：

砌筑砂浆强度检测表（兆帕）

层数	墙体位置	砂浆强度	平均值 / 最小值	推定值
一层	3–A–B	0.42	平均值：0.59 1.33* 最小值：0.56	0.56
	1–A–B	0.70		
	1–2–A	0.47		
	3–4–A	0.44		
	3–4–B	0.91		
	7–A–B	0.61		

依据《建筑抗震鉴定标准》GB50023—2009A 类建筑的要求，砖强度等级不宜低于 MU7.5，砌筑砂浆强度等级，8 度时不宜低于 M1。本结构砂浆强度偏低，不满足抗震鉴定相关要求。

5. 木结构材质状况勘察

5.1 勘察概述

勘查目的

主要对木结构进行无（微）损检测，评价其材质状况（腐朽、开裂、断裂等）；检测同时对部分木构件进行取样和树种鉴定，以获得该建筑使用木材的物理力学性质等特性，从而为古建筑维护选材提供依据。

勘查方法

在条件具备的情况下，通过观测、敲击和简单工具对该建筑单体所有能触及的木构件进行普查，记录木构件的材质状况，包括含水率概况，开裂、腐朽等，对存在问题的木构件选择性进行取样和树种鉴定。

抽查部分裸露的木柱进行阻力仪深层探测，以抽查目测存在缺陷、含水率较高或敲击异常的木柱为主。

阻力仪检测结果说明

此次对木结构材质状况的勘查主要分为以下 3 个步骤：木构件材质状况普查、主要承重构件的深层检测和构件的树种鉴定。建筑单体的普查是通过目测、敲击和部分工具对该建筑单体所有能触及的木构件进行整体检测，记录木构件的材质状况；深层检测是在普查的数据基础上，利用无损检测仪器对部分存在问题的立柱构件进行深层分析。用于本次深层检测的仪器为阻力仪。

阻力仪检测结果中，黄色区域表示估计的轻度腐朽面积；橘红色区域表示估计的中度腐朽面积；红色区域表示估计的重度腐朽面积或裂缝区域。本书中绘制的腐朽面积和真正的腐朽面积有一定误差，但不影响分析结果。一般来说，绘制图较多的柱子，其腐朽问题也比较严重。

立柱勘查一般从距柱根 20 厘米开始约到柱高 1/3，若 20 厘米处明显严重腐朽或探测存在问题则每隔一定高度（如 30 厘米）往上补充勘查，比如说 20 厘米、50 厘米、80 厘米，依此类推；若 20 厘米处探测没有材质问题，则不进行 50 厘米高度的探测。下述图中若只有 20 厘米高度的勘查图形，表示 50 厘米高度及以上的勘查结果正常。

轻度区域　　　　　　　　中度区域　　　　　重度腐朽或裂缝区域

缺陷分等示意图

5.2 材质状况检测结果

经测试，三号房顶棚内木构件平均含水率为 8.60%，木构件含水率大多在 7.0%～11.0% 之间；不存在含水率测定数值非常异常的木构件。

三号房存在的主要材质问题为开裂，如 2 轴屋架东侧上部第二根斜杆开裂（最宽处约宽 1.0 厘米）。此外，该建筑单体顶棚内水迹较为常见，可能是前期漏雨所造成的过期水迹。

部分木构件材质状况现场如下图：

三号房 2 轴屋架东侧上部第二根斜杆开裂（最宽处约宽 1.0 厘米，深 6 厘米）

三号房 2-3 间西侧有水迹（此外 1-2、3-4、5-6 间西侧也均有水迹）

三号房4-5间东侧有水迹（此外1-2、2-3、3-4、5-6间东侧也均有水迹）

三号房5轴屋架东侧上部第二根斜杆开裂（最宽处约宽0.5厘米，深4厘米）

5.3 树种鉴定结果

本报告中所涉及的相关树种鉴定结果，均是在不破坏和不影响各建筑外观、结构和功能的前提条件下，采用多种方法对各构件进行取样，经专业人员切片、制片，再由有关专家通过光学显微镜观察，并查阅大量的相关资料得出。

三号房木构架树种鉴定结果如下

三号房木构架树种鉴定表

编号	名称	位置	树种	拉丁学名
No.1	帽梁	2-3 轴间中间帽梁	冷杉	*Abies sp.*
No.2	帽梁	2-3 轴间西侧帽梁	冷杉	*Abies sp.*
No.3	斜杆	2 轴屋架西侧上部第一根	软木松	*Pinus sp.*
No.4	斜杆	2 轴屋架西侧上部第二根	软木松	*Pinus sp.*
No.5	斜杆	2 轴屋架西侧上部第三根	软木松	*Pinus sp.*
No.6	横杆	2 轴屋架横杆	软木松	*Pinus sp.*

6. 结构安全性鉴定

6.1 评定方法和原则

根据 DB11/T1190.1—2015，古建筑安全性鉴定分为构件、子单元、鉴定单元 3 个项目。首先根据构件各项目检查结果，判定单个构件安全性等级，然后根据子单元各项目检查结果及各种构件的安全性等级，判定子单元安全性等级，最后根据各子单元的安全性等级，判定鉴定单元安全性等级。

本次鉴定将委托鉴定的区域列为 1 个鉴定单元，每个鉴定单元分为地基基础、上部承重结构及围护系统 3 个子单元，分别对其安全性进行评定。

6.2 子单元安全性鉴定评级

地基基础安全性评定

经检查，未发现地基基础存在影响上部结构安全的不均匀沉降裂缝和明显变形，因此，本鉴定单元地基基础的安全性评为 A_u 级。

上部承重结构安全性评定

（1）构件的安全性鉴定

木构件的安全性等级判定，应按承载能力、构造、不适于继续承载的位移（或变形）、裂缝、腐朽、虫蛀、天然缺陷、历次加固现状等检查项目，分别判定每一受检构件的等级，并取其中最低一级作为该构件的安全性等级。

1）木柱安全性评定

各柱未发现存在明显变形、裂缝及腐朽等缺陷，均评为 a_u 级。

经统计评定，柱构件的安全性等级为 A_u 级。

2）木梁架中构件安全性评定

2 根斜撑存在明显开裂，裂缝深度超过材宽的 1/4，上述梁构件评为 c_u 级。

其他木构件未发现存在明显变形、裂缝及腐朽等缺陷，均评为 a_u 级。

经统计评定，梁构件的安全性等级为 B_u 级；檩、枋、楞木的安全性等级为 A_u 级。

（2）结构整体性安全性评定

1）整体倾斜安全性评定

经测量，结构未发现存在整体倾斜，评为 B_u 级。

2）构件间的联系安全性评定

纵向连枋及其联系构件的连接未出现明显松动，构架间的联系综合评为 A_u 级。

3）梁柱间的联系安全性评定

榫卯节点未发现存在拔榫现象，梁柱间的联系综合评定为 A_u 级。

4）榫卯完好程度安全性评定

榫卯材质基本完好，榫卯完好程度综合评定为 A_u 级。

综合评定该单元上部承重结构整体性的安全性等级为 A_u 级。

综上，上部承重结构的安全性等级评定为 B_u 级。

围护系统安全性评定

围护系统主要包括自承重墙体、屋面等构件。

墙体 2 处存在明显开裂现象，该项目评定为 C_u 级。

屋面未见明显破损现象，该项目评定为 A_u 级。

综合评定该单元围护系统的安全性等级为 C_u 级。

6.3 鉴定单元的鉴定评级

综合上述，根据 DB11/T1190.1—2015《古建筑结构安全性鉴定技术规范 第1部分：木结构》，鉴定单元的安全性等级评为 C_{su} 级，安全性不符合本标准对 A_{su} 级的要求，显著影响整体承载。

7. 处理建议

（1）建议对开裂程度相对较大的斜撑等木构件进行修复处理，可采用嵌补的方法进行修整，再用铁箍箍紧。

（2）建议对开裂墙体进行修复加固处理。

（3）本结构砌体墙砂浆强度较低，不满足砌体结构抗震的相关要求，建议对墙体进行抗震加固处理。

第五章 四号房（后罩房）结构安全检测鉴定

1. 建筑概况

1.1 建筑简况

四号房（后罩房）面积约 240 平方米，硬山建筑，面阔十一间，进深二间，有前廊，下设直方形砖砌台基。

1.2 现状立面照片

四号房（后罩房）南立面

四号房（后罩房）西立面

四号房（后罩房）东立面

1.3 建筑测绘图纸

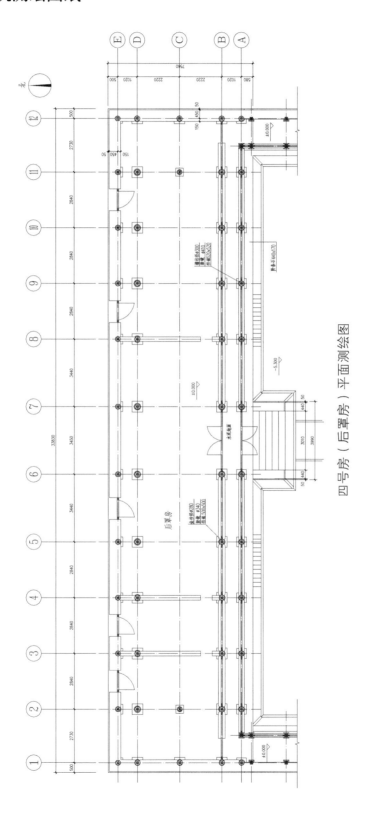

四号房（后罩房）平面测绘图

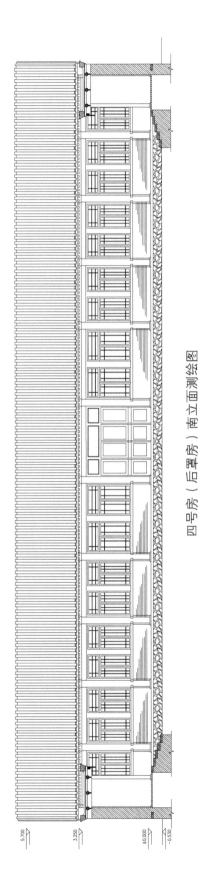

四号房（后罩房）南立面测绘图

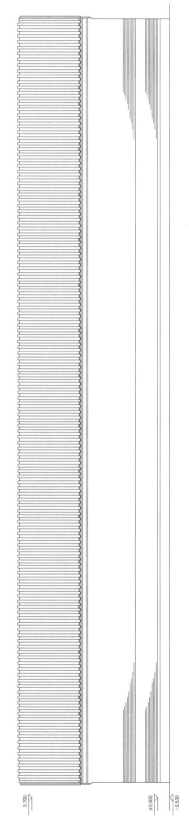

四号房（后罩房）北立面测绘图

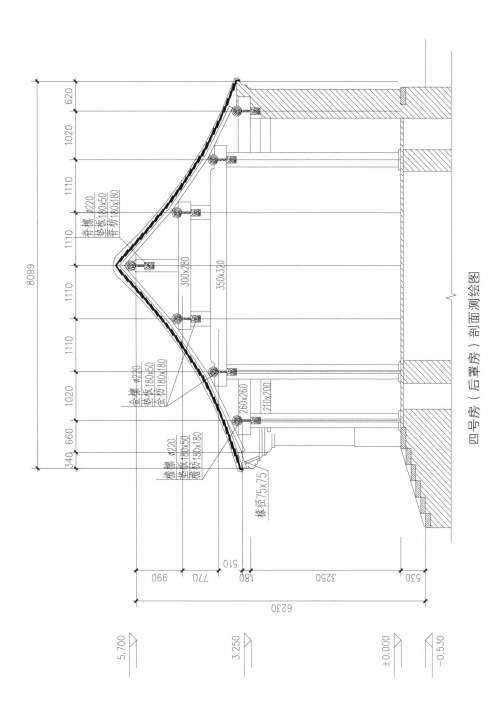

四号房（后罩房）剖面测绘图

2. 结构振动测试

现场使用 941B 型超低频测振仪、Dasp 数据采集分析软件对结构进行振动测试，测振仪放置在 7 轴梁架南侧抱头梁上；同时测得结构水平最大响应速度为 0.079 毫米 / 秒。

结构振动测试一览表

方向	峰值频率（赫兹）
东西向	7.62
南北向	6.15

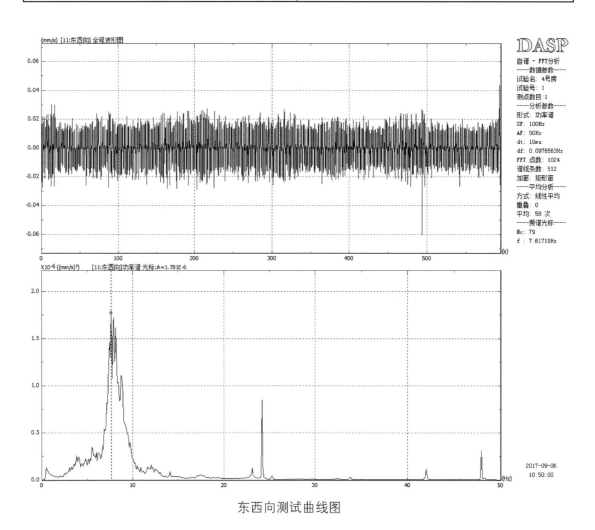

东西向测试曲线图

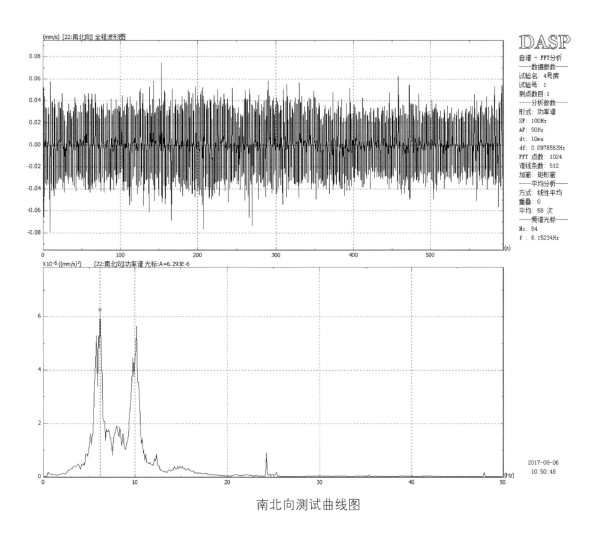

南北向测试曲线图

自振频率是由质量和刚度共同决定的，其中，建筑平面体型、墙体布置、结构内部损伤等因素会影响结构的刚度。

依据《古建筑防工业振动技术规范》GB/T50452—2008，古建筑木结构的水平固有频率为

$$f = \frac{1}{2\pi H} \lambda_{,}\varphi \frac{1}{2 \times 3.14 \times 3.43} \times 1.571 \times 52 = 3.79\text{Hz}$$

结构南北向的实测频率为 6.15 赫兹，高于计算频率，推测是由于本结构东西向长度较长，结构刚度变大，导致结构频率变高。

根据《古建筑防工业振动技术规范》GB/T50452—2008，对于国家文物保护单位关于木结构顶层柱顶水平容许振动速度最高不能超过 0.18 毫米 / 秒～0.22 毫米 / 秒，本结构水平振动速度未超过规范的限值。

3. 地基基础雷达探查

采用地质雷达对结构地基基础进行探查。雷达天线频率为 300 兆赫，雷达扫描路线示意图、详细测试结果如下：

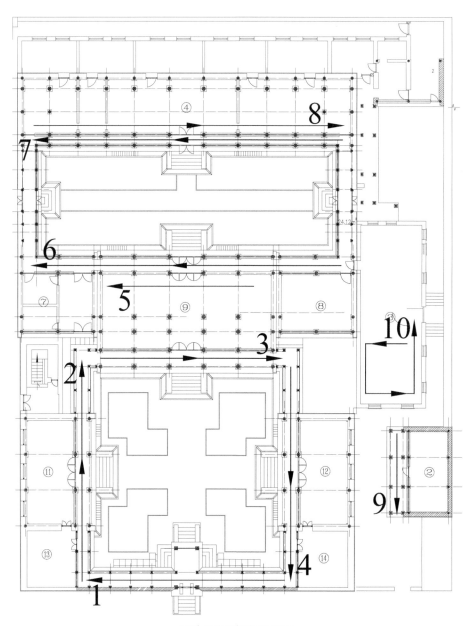

雷达扫描路线示意图

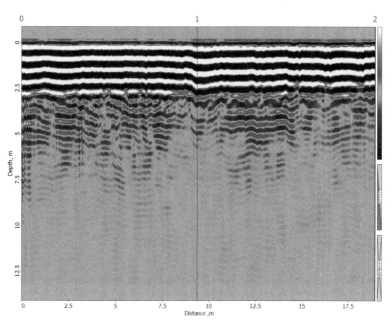

路线 7（南侧外廊处台基）雷达测试图

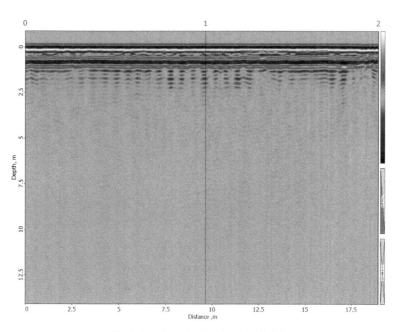

路线 8（室内地面）雷达测试图

由雷达测试结果可见，外廊台基上部呈现强反射，与采用的块材有关，下方的地基处理不够均匀，但没有明显空洞等缺陷；室内地面下方雷达反射波基本平直连续，未发现明显空洞等缺陷。

由于地面无法开挖与雷达图像进行比对，解释结果仅作为参考。

4. 结构外观质量检查

4.1 地基基础

经现场检查，台基阶条石存在风化剥落的现象，台基未见其他明显损坏，上部结构未见因地基不均匀沉降而导致的明显裂缝和变形，建筑的地基基础承载状况基本良好，台基现状如下图：

四号房（后罩房）南侧台基

4.2 围护结构

墙体基本完好，没有明显的开裂和鼓闪变形，现状如下图：

四号房（后罩房）南侧外墙

四号房（后罩房）东侧外墙

四号房（后罩房）西侧外墙

4.3 屋盖结构

经现场检查，屋盖结构基本完好，未见其他破损现象，未见明显渗漏现象，屋檐现状如下图：

四号房（后罩房）西侧屋檐

4.4 木构架

对四号房（后罩房）具备检测条件的木构架进行检查，经检查，木构架存在的残损现象主要有：

（1）部分梁枋檩等构件存在干缩裂缝。

（2）部分瓜柱卯口下方存在劈裂现象。

加固措施：

（1）部分存在开裂的梁、瓜柱已采取了铅丝绑扎的加固手段。

（2）在房屋东部三间、西部三间增设了斜撑。

典型木构架残损现状、各榀木梁架现状如下图：

四号房（后罩房）木构架 3-4-B 檩裂缝及铅丝绑扎

四号房（后罩房）木构架 5 轴梁柱裂缝及铅丝绑扎

四号房（后罩房）木构架 11 轴北测瓜柱卯口劈裂五架梁裂缝

四号房（后罩房）1轴梁架

四号房（后罩房）架2轴梁架

四号房（后罩房）3 轴梁架

四号房（后罩房）4 轴梁架

四号房（后罩房）5轴梁架

四号房（后罩房）6轴梁架

四号房（后罩房）7轴梁架

四号房（后罩房）8轴梁架

四号房（后罩房）9 轴梁架

四号房（后罩房）10 轴梁架

四号房（后罩房）11轴梁架

四号房（后罩房）12轴梁架

4.5 台基相对高差测量

现场对房屋南侧檐柱柱础石上表面的相对高差进行了测量，测量结果如下：

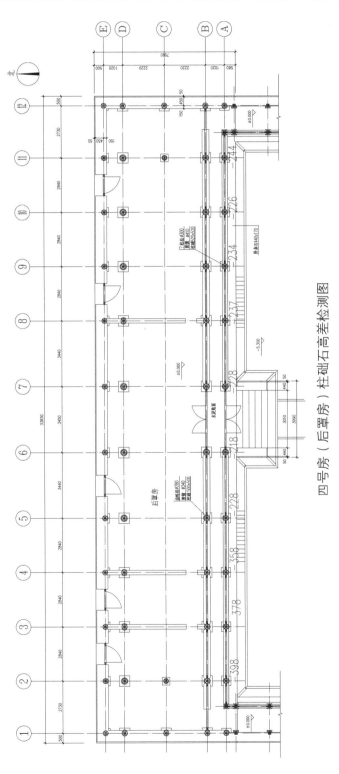

四号房（后罩房）柱础石高差检测图

测量结果表明，各柱础石顶部存在一定的相对高差，其中6-A轴处柱础最高，与2-A轴处柱础之间的相对高差最大，为180毫米，由于结构初期可能存在施工偏差，此部分高差不完全是地基的沉降差，鉴于目前未发现结构存在因地基不均匀沉降而导致的明显损坏现象，可暂不进行处理，但应注意观察。

4.6 木构架局部倾斜

现场测量部分柱的倾斜程度，测量结果如下：

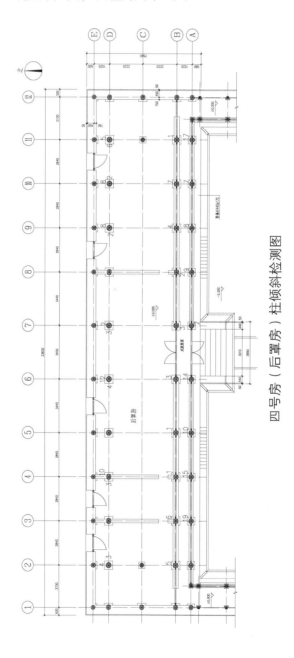

四号房（后罩房）柱倾斜检测图

柱边的数据表示柱底部 1.5 米的高度范围内上端和下端的相对垂直偏差，数字的位置表示柱上部偏移的方向。由上图可见，A 轴檐柱和 B 轴金柱的上端在南北方向基本都向北侧偏移，D 轴金柱上端在南北方向有向北侧偏移的趋势。

古建常规做法中，金柱和檐柱一般设置侧脚，会向中间偏移。D 轴金柱目前的偏移程度与建造时存在差异，柱顶普遍向北侧偏移，最大相对位移 Δ=12 毫米 <H/90=17 毫米，未超出规范的限值。

5. 木结构材质状况勘察

5.1 勘察概述

勘查目的

主要对木结构进行无（微）损检测，评价其材质状况（腐朽、开裂、断裂等）；检测同时对部分木构件进行取样和树种鉴定，以获得该建筑使用木材的物理力学性质等特性，从而为古建筑维护选材提供依据。

勘查方法

在条件具备的情况下，通过观测、敲击和简单工具对该建筑单体所有能触及的木构件进行普查，记录木构件的材质状况，包括含水率概况，开裂、腐朽等，对存在问题的木构件选择性进行取样和树种鉴定。

抽查部分裸露的木柱进行阻力仪深层探测，以抽查目测存在缺陷、含水率较高或敲击异常的木柱为主。

阻力仪检测结果说明

此次对木结构材质状况的勘查主要分为以下 3 个步骤：木构件材质状况普查、主要承重构件的深层检测和构件的树种鉴定。建筑单体的普查是通过目测、敲击和部分工具对该建筑单体所有能触及的木构件进行整体检测，记录木构件的材质状况；深层检测是在普查的数据基础上，利用无损检测仪器对部分存在问题的立柱构件进行深层分析。用于本次深层检测的仪器为阻力仪。

阻力仪检测结果中，黄色区域表示估计的轻度腐朽面积；橘红色区域表示估计的中度腐朽面积；红色区域表示估计的重度腐朽面积或裂缝区域。本书中绘制的腐朽面积和真正的腐朽面积有一定误差，但不影响分析结果。一般来说，绘制图较多的柱子，其腐朽问题也比较严重。

立柱勘查一般从距柱根 20 厘米开始约到柱高 1/3，若 20 厘米处明显严重腐朽或探测存在问题则每隔一定高度（如 30 厘米）往上补充勘查，比如说 20 厘米、50 厘米、80 厘米，依此类推；若 20 厘米处探测没有材质问题，则不进行 50 厘米高度的探测。下述图中若只有 20 厘米高度的勘查图形，表示 50 厘米高度及以上的勘查结果正常。

轻度区域

中度区域

重度腐朽或裂缝区域

缺陷分等示意图

5.2 材质状况检测结果

经测试，四号房（后罩房）木构件平均含水率为 11.55%，木构件含水率大多在 9.0%～13.0% 之间；不存在含水率测定数值非常异常的木构件。

四号房（后罩房）存在的主要材质问题为开裂，如单步梁 11-B-C 贯通开裂（最宽处约宽 2.0 厘米），单步梁 2-C-D 贯通开裂（最宽处约宽 2.0 厘米），前上金檩 1-2-B 贯通开裂（最宽处约宽 2.0 厘米），前下金檩 3-4-B 贯通开裂（最宽处约宽 2.0 厘米）。此外，前下金檩 10-11-B 东端头轻微腐朽。

部分木构件材质状况现场照片如下：

四号房（后罩房）柱 C-8 开裂（约长 150 厘米最宽处约宽 1.5 厘米，深 8 厘米）

四号房（后罩房）柱 C-12 开裂（约长 150 厘米最宽处约宽 1.0 厘米，深 6 厘米）

四号房（后罩房）三架梁 9-B-D 贯通开裂（最宽处约宽 1.0 厘米，深 6 厘米）

四号房（后罩房）五架梁 4-B-D 贯通开裂（最宽处约宽 1.0 厘米，深 6 厘米）

四号房（后罩房）五架梁 7-B-D 断续开裂（最宽处约宽 1.0 厘米，深 6 厘米）

四号房（后罩房）五架梁 10-B-D 贯通开裂（最宽处约宽 1.0 厘米，深 6 厘米）

四号房（后罩房）单步梁 5-B-C 贯通开裂（最宽处约宽 1.0 厘米，深 6 厘米）

四号房（后罩房）单步梁 11-B-C 贯通开裂（最宽处约宽 2.0 厘米，深 10 厘米）

四号房（后罩房）单步梁 2-C-D 贯通开裂（最宽处约宽 2.0 厘米，深 6 厘米）

四号房（后罩房）双步梁 5-B-C 贯通开裂（最宽处约宽 1.0 厘米，深 6 厘米）

四号房（后罩房）脊檩 3-4-C 贯通开裂（最宽处约宽 1.5 厘米，深 8 厘米）

四号房（后罩房）脊檩 9-10-C 断续开裂（最宽处约宽 1.0 厘米，深 6 厘米）

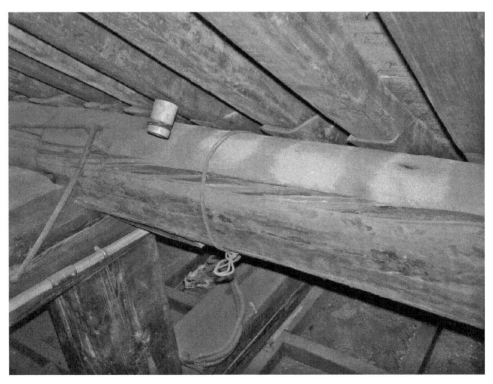

四号房（后罩房）前上金檩 1-2-B 贯通开裂（最宽处约宽 2.0 厘米，深 10 厘米）

四号房（后罩房）前上金檩 2-3-B 贯通开裂（最宽处约宽 1.0 厘米，深 6 厘米）

四号房（后罩房）前上金檩 3-4-B 贯通开裂（最宽处约宽 1.5 厘米，深 8 厘米）

四号房（后罩房）前上金檩7-8-B断续开裂（最宽处约宽1.0厘米，深6厘米）

四号房（后罩房）前下金檩1-2-B贯通开裂（最宽处约宽1.5厘米，深8厘米）

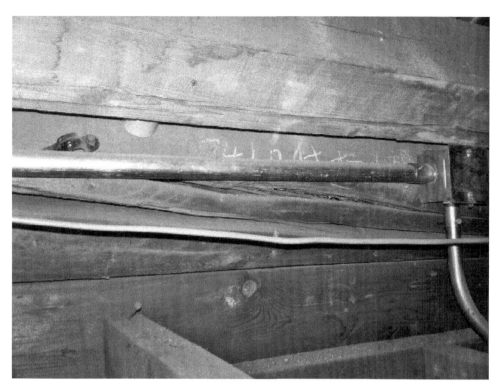

四号房（后罩房）前下金檩3-4-B贯通开裂（最宽处约宽2.0厘米，深10厘米）

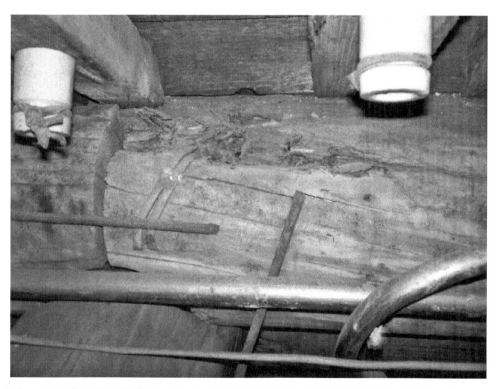

四号房（后罩房）前下金檩10-11-B东端头轻微腐朽（约长30厘米宽8厘米，深2厘米）

四号房（后罩房）后上金檩 4-5-D 断续开裂（最宽处约宽 1.0 厘米，深 6 厘米）

四号房（后罩房）后上金檩 5-6-D 开裂（约长 100 厘米最宽处约宽 1.5 厘米，深 8 厘米）

四号房（后罩房）后上金檩 9-10-D 断续开裂（最宽处约宽 1.0 厘米，深 6 厘米）

四号房（后罩房）后上金檩 10-11-D 开裂（约长 100 厘米最宽处约宽 1.0 厘米，深 6 厘米）

四号房（后罩房）后下金檩 4-5-D 断续开裂（最宽处约宽 1.0 厘米，深 6 厘米）

四号房（后罩房）后下金檩 5-6-D 开裂（长约 150 厘米最宽处约宽 1.0 厘米，深 6 厘米）

5.3 阻力仪检测结果

通过对四号房（后罩房）立柱普查数据进行分析，选取以下立柱进行了阻力仪检测，结果表明 C-2 内部存在轻微的残损，检测立柱统计信息如下：

四号房（后罩房）立柱材质状况简表

编号	名称	位置	材质状况
1	柱	A-3	未发现严重残损。
2	柱	A-7	未发现严重残损。
3	柱	A-10	未发现严重残损。
4	柱	A-12	未发现严重残损。
5	柱	B-3	未发现严重残损。
6	柱	B-5	未发现严重残损。
7	柱	B-12	未发现严重残损。
8	柱	C-2	立柱内部存在轻微残损。
9	柱	D-4	未发现严重残损。
10	柱	D-9	未发现严重残损。
11	柱	D11	未发现严重残损。
12	柱	其他	其他裸露立柱通过普查未发现严重残损。
备注：残损计算面积及位置和真正残损会有一定的误差，但一般来说残损检测面积越大的其实际残损也越严重；图中橙色为中度及以上的残损区域，黄色为轻度残损区域。			

检测存在问题立柱的残损位置及大小示意图如下：

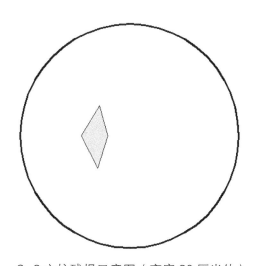

C-2 立柱残损示意图（高度 20 厘米处）

5.4 树种鉴定结果

本报告中所涉及的相关树种鉴定结果，均是在不破坏和不影响各建筑外观、结构和功能的前提条件下，采用多种方法对各构件进行取样，经专业人员切片、制片，再由有关专家通过光学显微镜观察，并查阅大量的相关资料得出。

四号房（后罩房）木构架树种鉴定结果如下：

四号房（后罩房）木构架树种鉴定表

编号	名称	位置	树种	拉丁学名
1	柱	C-1	杉木	*Cunninghamia lanceolata*
2	柱	C-2	杉木	*Cunninghamia lanceolata*
3	单步梁	2-B-C	落叶松	*Larix sp.*
4	单步梁	2-C-D	落叶松	*Larix sp.*
5	双步梁	2-B-C	落叶松	*Larix sp.*
6	双步梁	2-C-D	硬木松	*Pinus sp.*
7	脊檩	1-2-C	硬木松	*Pinus sp.*
8	后上金檩	1-2-D	硬木松	*Pinus sp.*

6. 结构安全性鉴定

6.1 评定方法和原则

根据 DB11/T1190.1—2015，古建筑安全性鉴定分为构件、子单元、鉴定单元 3 个项目。首先根据构件各项目检查结果，判定单个构件安全性等级，然后根据子单元各项目检查结果及各种构件的安全性等级，判定子单元安全性等级，最后根据各子单元的安全性等级，判定鉴定单元安全性等级。

本次鉴定将委托鉴定的区域列为 1 个鉴定单元，每个鉴定单元分为地基基础、上部承重结构及围护系统 3 个子单元，分别对其安全性进行评定。

6.2 子单元安全性鉴定评级

地基基础安全性评定

经检查，未发现地基基础存在影响上部结构安全的不均匀沉降裂缝和明显变形，

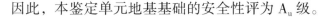

因此，本鉴定单元地基基础的安全性评为 A_u 级。

上部承重结构安全性评定

（1）构件的安全性鉴定

木构件的安全性等级判定，应按承载能力、构造、不适于继续承载的位移（或变形）、裂缝、腐朽、虫蛀、天然缺陷、历次加固现状等检查项目，分别判定每一受检构件的等级，并取其中最低一级作为该构件的安全性等级。

1）木柱安全性评定

1 根柱存在轻微残损，评为 b_u 级；其余柱未发现存在明显变形、裂缝及腐朽等缺陷，均评为 a_u 级。

经统计评定，柱构件的安全性等级为 A_u 级。

2）木梁架中构件安全性评定

8 根梁存在明显开裂，裂缝深度超过材宽的 1/4，但多数经过加固，上述梁构件评为 b_u 级。

15 根檩存在明显开裂，裂缝深度超过材宽的 1/4，但多数经过加固，上述梁构件评为 b_u 级。

其他梁檩枋楞木构件未发现存在明显变形、裂缝及腐朽等缺陷，均评为 a_u 级。

经统计评定，梁构件的安全性等级为 B_u 级；檩、枋、楞木的安全性等级为 B_u 级。

（2）结构整体性安全性评定

1）整体倾斜安全性评定

经测量，结构未发现存在明显整体倾斜，评为 A_u 级。

2）局部倾斜安全性评定

经测量，多根柱子存在一定程度的相对位移，但未大于 H/90，局部倾斜综合评为 B_u 级。

3）构件间的联系安全性评定

纵向连枋及其联系构件的连接未出现明显松动，构架间的联系综合评为 A_u 级。

4）梁柱间的联系安全性评定

榫卯节点未发现存在拔榫现象，梁柱间的联系综合评定为 A_u 级。

5）榫卯完好程度安全性评定

榫卯材质基本完好，1 处榫卯存在明显劈裂，榫卯完好程度综合评定为 B_u 级。

综合评定该单元上部承重结构整体性的安全性等级为 B_u 级。

综上，上部承重结构的安全性等级评定为 B_u 级。

（3）围护系统安全性评定

围护系统主要包括自承重墙体、屋面等构件。

墙体未发现存在明显开裂，风化及变形，该项目评定为 A_u 级。

屋面未见明显破损现象，该项目评定为 A_u 级。

综合评定该单元围护系统的安全性等级为 A_u 级。

6.3 鉴定单元的鉴定评级

综合上述，根据 DB11/T1190.1—2015《古建筑结构安全性鉴定技术规范 第 1 部分：木结构》，鉴定单元的安全性等级评为 B_{su} 级，安全性略低于本标准对 A_{su} 级的要求，尚不显著影响整体承载。

7. 处理建议

（1）建议对部分未采取加固措施的开裂程度相对较大的梁枋檩及瓜柱等木构件进行修复处理，可采用嵌补的方法进行修整，再用铁箍箍紧。

（2）建议对存在风化剥落的阶条石进行修复处理。

第六章　七号房（西耳房）、八号房（东耳房）、九号房（正房）结构安全检测鉴定

1. 建筑概况

1.1 建筑简况

九号房（正房）面积约 212 平方米，九檩前后廊硬山建筑，面阔五间，下设直方形砖砌台基；七号房（西耳房）面积约 67 平方米，七檩前后廊硬山建筑，面阔二间；八号房（东耳房）面积约 67 平方米，七檩前后廊硬山建筑，面阔二间。本房设有一层地下室，地下室为钢筋混凝土框架结构。

1.2 现状立面照片

九号房（正房）南立面

八号房（东耳房）南立面

七号房（西耳房）南立面

九号房（正房）北立面

八号房（东耳房）北立面

七号房（西耳房）西立面

1.3 建筑测绘图纸

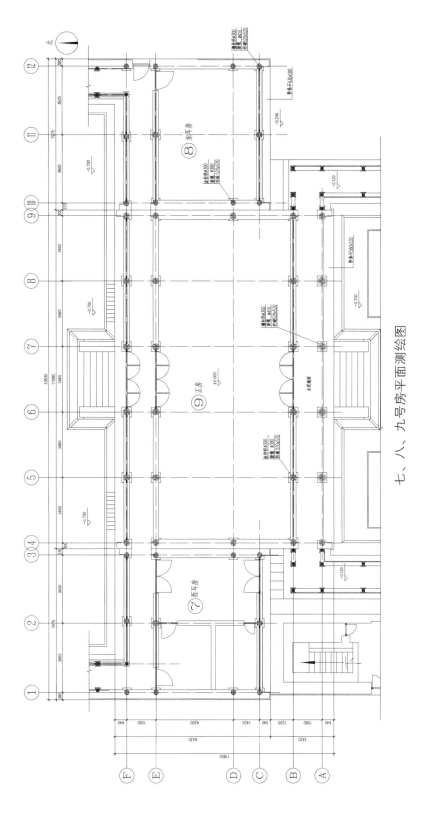

七、八、九号房平面测绘图

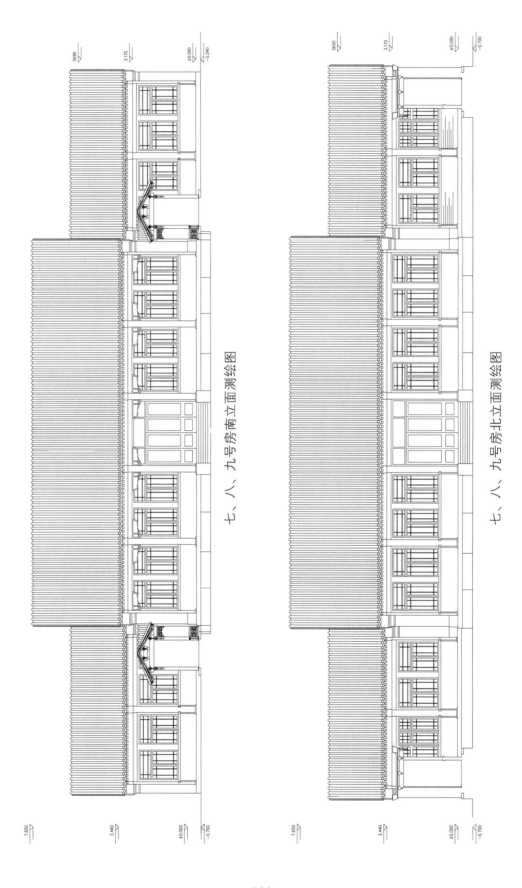

七、八、九号房南立面测绘图

七、八、九号房北立面测绘图

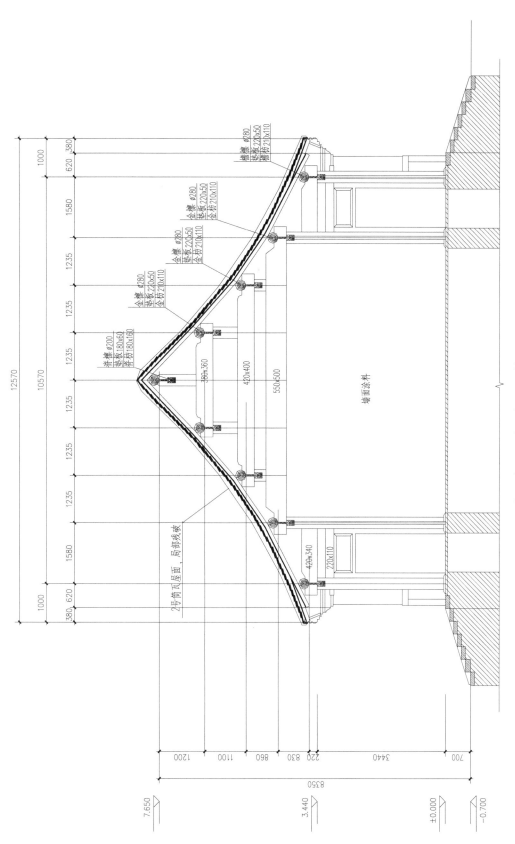

九号房（正房）剖面测绘图

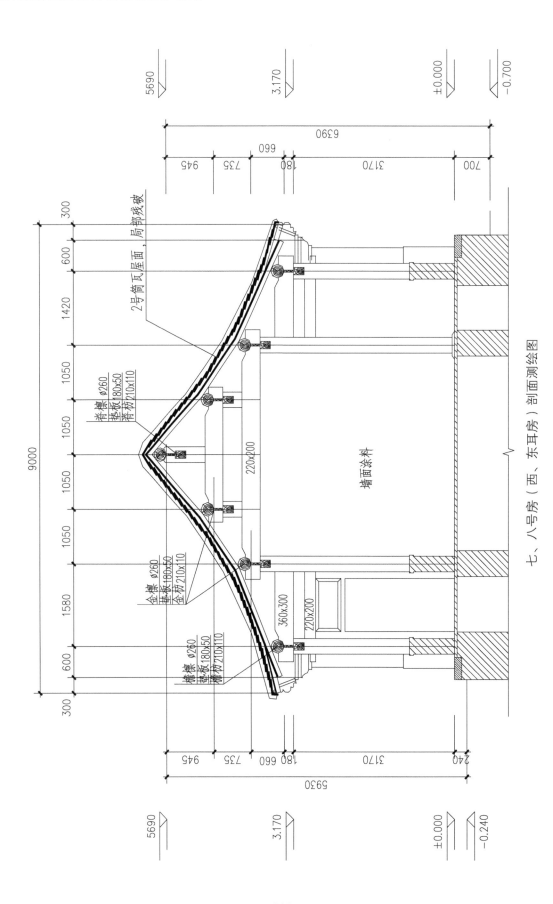

七、八号房（西、东耳房）剖面测绘图

2. 结构振动测试

现场使用 941B 型超低频测振仪、Dasp 数据采集分析软件对西路二进院正房结构进行振动测试，测振仪放置在 5 轴梁架南侧抱头梁上；同时测得结构水平最大响应速度为 0.059 毫米 / 秒。

结构振动测试一览表

方向	峰值频率（赫兹）	阻尼比（%）
东西向	4.10	4.38
南北向	5.86	2.89

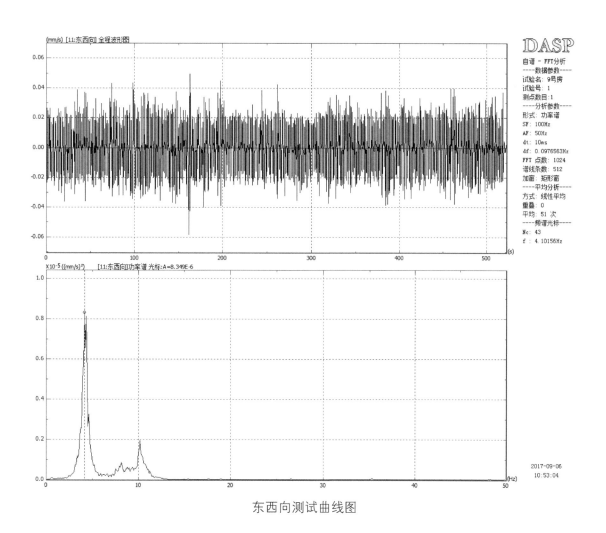

东西向测试曲线图

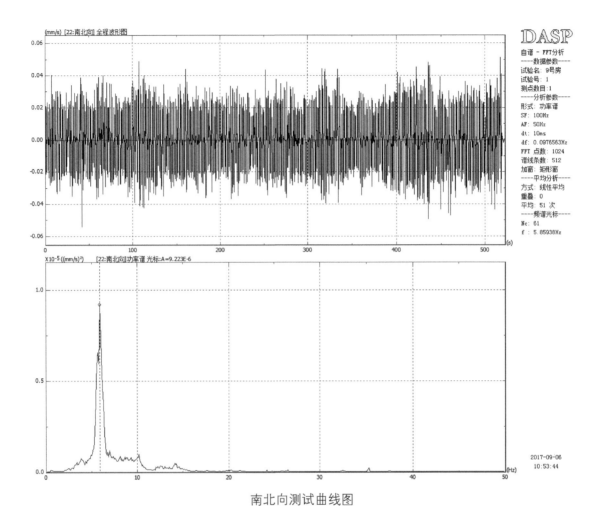

南北向测试曲线图

自振频率是由质量和刚度共同决定的，其中，建筑平面体型、墙体布置、结构内部损伤等因素会影响结构的刚度。

依据《古建筑防工业振动技术规范》GB/T50452—2008，古建筑木结构的水平固有频率为

$$f = \frac{1}{2\pi H}\lambda_j \varphi \frac{1}{2 \times 3.14 \times 3.66} \times 1.571 \times 52 = 3.55\text{Hz}$$

结构东西向的实测频率为 4.10 赫兹，比计算频率稍高，推测是由于本结构东西两侧与耳房相连，结构刚度变大，导致结构频率变高。

根据《古建筑防工业振动技术规范》GB/T50452—2008，对于国家文物保护单位关于木结构顶层柱顶水平容许振动速度最高不能超过 0.18 毫米/秒～0.22 毫米/秒，本结构水平振动速度未超过规范的限值。

3. 地基基础雷达探查

采用地质雷达对结构地基基础进行探查。雷达天线频率为 300 兆赫，雷达扫描路线示意图、结构详细测试结果如下：

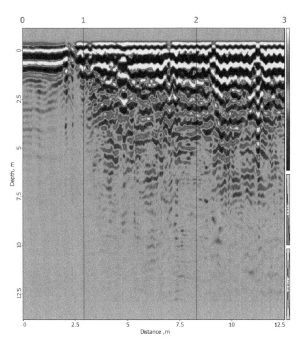

路线 5（室外地面）雷达测试图

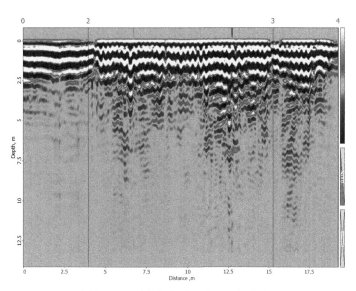

路线 6（北侧外廊地面）雷达测试图

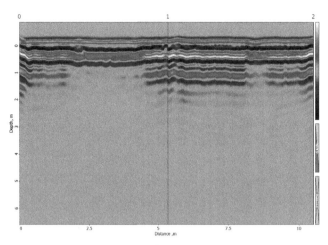

路线3（南侧外廊地面）雷达测试图

由雷达测试结果可见，室内地面和北侧外廊下部做法类似，下侧反射波波形都相对比较杂乱，且不连续，表明下方介质不够均匀；南侧外廊反射波基本平直连续，没有明显空洞等缺陷。

由于地面无法开挖与雷达图像进行比对，解释结果仅作为参考。

4. 结构外观质量检查

4.1 地基基础

经现场检查，九号房（正房）台基阶条石存在风化剥落的现象，台基未见其他明显损坏，上部结构未见因地基不均匀沉降而导致的明显裂缝和变形，建筑的地基基础承载状况基本良好，台基现状如下图：

九号房（正房）南侧台基

九号房（正房）北侧台基

4.2 围护结构

经现场检查，墙体基本完好，没有明显的开裂和鼓闪变形，现状如下图：

七号房（西耳房）北侧外墙

八号房（东耳房）北侧外墙

九号房（正房）南侧外墙现状

九号房（正房）房北侧外墙

4.3 屋盖结构

经现场检查，屋盖结构基本完好，未见其他破损现象，未见明显渗漏现象，屋檐现状如下图：

七号房（西耳房）北侧屋檐

八号房（东耳房）南侧屋檐

九号房（正房）北侧屋檐

4.4 木构架

对七、八、九号房（正房）具备检测条件的木构架进行检查，经检查，木构架存在的残损现象主要有：

（1）部分梁枋檩等构件存在干缩裂缝。

（2）部分瓜柱卯口下方存在劈裂现象。

九号房（正房）进行过加固处理，梁柱开裂处基本都采取了铅丝及钢箍绑扎的措施，梁架之间布置了斜撑。

七、八号房（东耳房）基本未采取加固措施，梁枋存在明显开裂情况，10轴瓜柱卯下劈裂严重，裂缝宽度达3厘米。

典型木构架残损现状、各榀木梁架现状如下图：

七号房（西耳房）2轴瓜柱及散架梁轻微劈裂

七号房（西耳房）3轴五架梁明显裂缝

八号房（东耳房）木构架 10 轴瓜柱劈裂

八号房（东耳房）木构架 11 轴瓜柱劈裂

九号房（正房）木构架 7 轴梁柱劈裂及加固

九号房（正房）木构架 9 轴瓜柱劈裂

七号房、八号房、九号房 1 轴梁架

七号房、八号房、九号房 2 轴梁架

七号房、八号房、九号房 3 轴梁架

七号房、八号房、九号房 4 轴梁架

七号房、八号房、九号房 5 轴梁架

七号房、八号房、九号房 6 轴梁架

七号房、八号房、九号房 7 轴梁架

七号房、八号房、九号房 8 轴梁架

七号房、八号房、九号房 9 轴梁架

七号房、八号房、九号房 10 轴梁架

七号房、八号房、九号房 11 轴梁架

七号房、八号房、九号房 12 轴梁架

4.5 台基相对高差测量

现场对房屋的柱础石上表面的相对高差进行了测量，测量结果如下：

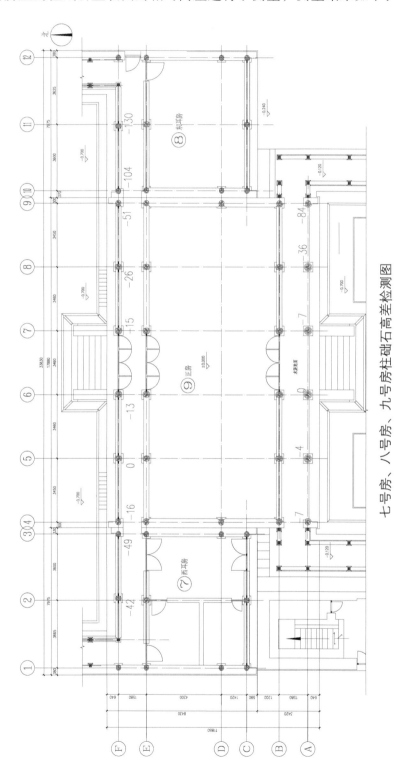

七号房、八号房、九号房柱础石高差检测图

测量结果表明，各柱础石顶部存在一定的相对高差，其中九号房（正房）呈东侧台基相对位置相对较低的现象，其中北侧 9–F 轴比 5–F 轴低约 51 毫米，南侧 9–F 轴比 6–F 轴低约 84 毫米，由于结构初期可能存在施工偏差，此部分高差不完全是地基的沉降差，鉴于目前未发现结构存在因地基不均匀沉降而导致的明显损坏现象，可暂不进行处理。

4.6　木构架局部倾斜

现场测量部分柱的倾斜程度，测量结果如下：

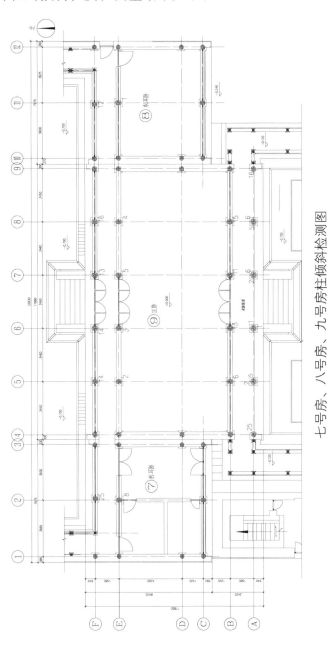

七号房、八号房、九号房柱倾斜检测图

柱边的数据表示柱底部 2 米的高度范围内上端和下端的相对垂直偏差，数字的位置表示柱上部偏移的方向。由图可见，北侧 F 轴檐柱和 E 轴金柱的上端基本上都向南侧偏移，南侧 A 轴檐柱部分向北侧偏移和中间偏移，南侧 B 轴金柱基本向南侧偏移。

古建常规做法中，金柱和檐柱一般设置侧脚，会向中间偏移。A、E、F 轴的偏移趋势正常，B 轴金柱目前的偏移程度与建造时存在差异，柱顶向南侧偏移，最大相对位移 Δ=15 毫米 <H/90=22 毫米，未超出规范的限值。

4.7 混凝土结构

对具备检查条件的结构及构件外观进行了检查检测，检查结果表明：

（1）未发现地基基础存在影响结构安全和正常使用的不均匀沉降现象。

（2）在具备条件的部位，对构件的外观质量情况进行检查，梁、柱构件外观质量良好，未发现表面存在影响结构安全的明显裂缝等缺陷，未发现存在明显倾斜或变形过大等现象。

地下室内部局部梁柱照片、地下室平面测绘图如下：

地下室局部梁柱现状

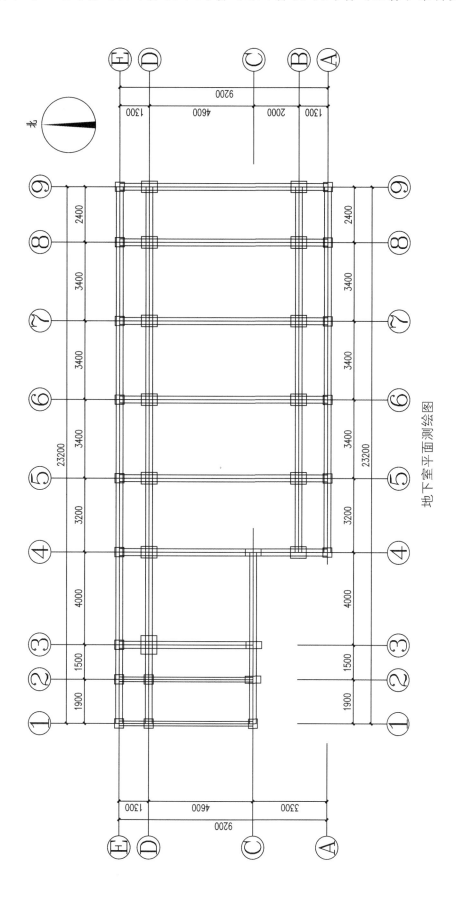

地下室平面测绘图

5. 木结构材质状况勘察

5.1 勘察概述

勘查目的

主要对木结构进行无（微）损检测，评价其材质状况（腐朽、开裂、断裂等）；检测同时对部分木构件进行取样和树种鉴定，以获得该建筑使用木材的物理力学性质等特性，从而为古建筑维护选材提供依据。

勘查方法

在条件具备的情况下，通过观测、敲击和简单工具对该建筑单体所有能触及的木构件进行普查，记录木构件的材质状况，包括含水率概况，开裂、腐朽等，对存在问题的木构件选择性进行取样和树种鉴定。

抽查部分裸露的木柱进行阻力仪深层探测，以抽查目测存在缺陷、含水率较高或敲击异常的木柱为主。

阻力仪检测结果说明

此次对木结构材质状况的勘查主要分为以下 3 个步骤：木构件材质状况普查、主要承重构件的深层检测和构件的树种鉴定。建筑单体的普查是通过目测、敲击和部分工具对该建筑单体所有能触及的木构件进行整体检测，记录木构件的材质状况；深层检测是在普查的数据基础上，利用无损检测仪器对部分存在问题的立柱构件进行深层分析。用于本次深层检测的仪器为阻力仪。

阻力仪检测结果中，黄色区域表示估计的轻度腐朽面积；橘红色区域表示估计的中度腐朽面积；红色区域表示估计的重度腐朽面积或裂缝区域。本书中绘制的腐朽面积和真正的腐朽面积有一定误差，但不影响分析结果。一般来说，绘制图较多的柱子，其腐朽问题也比较严重。

立柱勘查一般从距柱根 20 厘米开始约到柱高 1/3，若 20 厘米处明显严重腐朽或探测存在问题则每隔一定高度（如 30 厘米）往上补充勘查，比如说 20 厘米、50 厘米、80 厘米，依此类推；若 20 厘米处探测没有材质问题，则不进行 50 厘米高度的探测。下述图中若只有 20 厘米高度的勘查图形，表示 50 厘米高度及以上的勘查结果正常。

轻度区域　　　　　　　　中度区域　　　　重度腐朽或裂缝区域

缺陷分等示意图

5.2 材质状况检测结果

七号房（西耳房）

经测试，七号房（西耳房）木构件平均含水率为 11.57%，木构件含水率大多在 9.0%～14.0% 之间；不存在含水率测定数值非常异常的木构件。

七号房（西耳房）存在的主要材质问题为开裂。部分木构件材质状况现场如下图：

七号房（西耳房）后上金檩 1-2-E 断续开裂（最宽处约宽 1.0 厘米，深 6 厘米）

125

七号房（西耳房）前下金檩 1-2-D 贯通开裂（最宽处约宽 1.5 厘米，深 8 厘米）

七号房（西耳房）三架梁 2-D-E 贯通开裂（最宽处约宽 1.0 厘米，深 6 厘米）

七号房（西耳房）五架梁 2-D-E 贯通开裂（最宽处约宽 1.0 厘米，深 6 厘米）

八号房（东耳房）

经测试，八号房（东耳房）木构件平均含水率为 11.88%，木构件含水率大多在 9.0%～13.0% 之间；不存在含水率测定数值非常异常的木构件。

八号房（东耳房）存在的主要材质问题为开裂，如五架梁 10-D-E 贯通开裂（最宽处约宽 1.5 厘米），五架梁 11-D-E 贯通开裂（最宽处约宽 1.5 厘米）。

部分木构件材质状况现场如下图：

八号房（东耳房）瓜柱（11-D-E 三架梁上）贯通开裂（最宽处约宽 1.0 厘米，深 6 厘米）

八号房（东耳房）五架梁 10-D-E 贯通开裂（最宽处约宽 1.5 厘米，深 8 厘米）

八号房（东耳房）五架梁 11-D-E 贯通开裂（最宽处约宽 1.5 厘米，深 8 厘米）

九号房（正房）

经测试，九号房（正房）木构件平均含水率为12.42%，木构件含水率大多在9.0%～17.0%之间；不存在含水率测定数值非常异常的木构件。

九号房（正房）存在的主要材质问题为开裂，如五架梁7-B-E贯通开裂（最宽处约宽2.0厘米），五架梁8-B-E贯通开裂（最宽处约宽2.0厘米），七架梁5-B-E贯通开裂（最宽处约宽2.0厘米），七架梁7-B-E断续开裂（最宽处约宽2.0厘米），单步梁4-D-E贯通开裂（最宽处约宽3.0厘米），脊檩6-7-D贯通开裂（最宽处约宽2.0厘米），后下金檩4-5-E贯通开裂（最宽处约宽2.5厘米），后下金檩7-8-E贯通开裂（最宽处约宽2.5厘米）。此外，七架梁8-B-E区域有水迹。

部分木构件材质状况现场如下图：

九号房（正房）柱9-D多处开裂（最宽处约宽1.0厘米，深6厘米）

九号房（正房）三架梁 6-B-E 多处开裂（最宽处约宽 1.5 厘米，深 6 厘米）

九号房（正房）五架梁 5-B-E 贯通开裂（最宽处约宽 1.0 厘米，深 6 厘米）

九号房（正房）五架梁 6-B-E 多处开裂（最宽处约宽 1.5 厘米，深 6 厘米）

九号房（正房）五架梁 7-B-E 贯通开裂（最宽处约宽 1.5 厘米，深 8 厘米）

九号房（正房）五架梁 7-B-E 贯通开裂（最宽处约宽 2.0 厘米，深 10 厘米）

九号房（正房）五架梁 8-B-E 贯通开裂（最宽处约宽 2.0 厘米，深 10 厘米）

九号房（正房）七架梁 5-B-E 贯通开裂（最宽处约宽 2.0 厘米，深 10 厘米）

九号房（正房）七架梁 7-B-E 断续开裂（最宽处约宽 2.0 厘米，深 10 厘米）

九号房（正房）七架梁 8-B-E 有水迹

九号房（正房）单步梁 4-D-E 贯通开裂（最宽处约宽 3.0 厘米，深 12 厘米）

九号房（正房）单步梁 9-D-E 贯通开裂（最宽处约宽 1.0 厘米，深 6 厘米）

九号房（正房）脊檩 6-7-D 贯通开裂（最宽处约宽 2.0 厘米，深 10 厘米）

九号房（正房）脊檩 8-9-D 贯通开裂（最宽处约宽 1.5 厘米，深 8 厘米）

九号房（正房）前上金檩 4-5-B 贯通开裂（最宽处约宽 1.0 厘米，深 6 厘米）

九号房（正房）前上金檩7-8-B贯通开裂（最宽处约宽1.5厘米，深8厘米）

九号房（正房）前上金檩8-9-B贯通开裂（最宽处约宽1.0厘米，深6厘米）

九号房（正房）前下金檩6-7-B贯通开裂（最宽处约宽1.0厘米，深6厘米）

九号房（正房）后上金檩4-5-E贯通开裂（最宽处约宽1.0厘米，深6厘米）

九号房（正房）后下金檩4-5-E贯通开裂（最宽处约宽2.5厘米，深12厘米）

九号房（正房）后下金檩6-7-E贯通开裂（最宽处约宽1.5厘米，深8厘米）

九号房（正房）后下金檩 7-8-E 贯通开裂（最宽处约宽 2.5 厘米，深 12 厘米）

5.3 阻力仪检测结果

七号房（西耳房）

通过对七号房（西耳房）立柱普查数据进行分析，选取以下立柱进行了阻力仪检测，结果表明 A3、D1 内部存在极轻微的残损，检测立柱统计信息如下：

七号房（西耳房）立柱材质状况简表

编号	名称	位置	材质状况
1	柱	1-C	未发现严重残损。
2	柱	3-C	立柱东北侧存在轻微残损。
3	柱	2-D	未发现严重残损。
4	柱	1-E	立柱西南侧存在轻微残损。
5	柱	2-E	未发现严重残损。
6	柱	1-F	未发现严重残损。
7	柱	其他	其他裸露立柱通过普查未发现严重残损。

备注：残损计算面积及位置和真正残损会有一定的误差，但一般来说残损检测面积越大的其实际残损也越严重；图中橙色为中度及以上的残损区域，黄色为轻度残损区域。

检测存在问题立柱的残损位置及大小示意图如下：

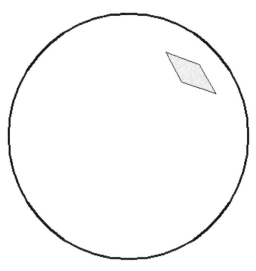

3-C 立柱残损示意图（高度 20 厘米处）

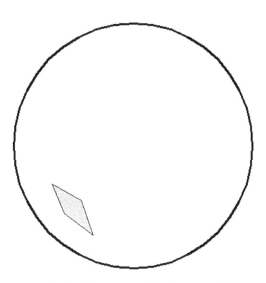

1-E 立柱残损示意图（高度 20 厘米处）

八号房（东耳房）

通过对八号房（东耳房）立柱普查数据进行分析，选取以下立柱进行了阻力仪检测，结果表明 12-D 内部存在一定的残损，检测立柱统计信息如下：

八号房（东耳房）立柱材质状况简表

编号	名称	位置	材质状况
1	柱	12–C	未发现严重残损。
2	柱	10–D	未发现严重残损。
3	柱	12–D	立柱东北区域存在残损，检测高度在20-50厘米时残损较轻微，检测高度在80-120厘米残损面积有所增大，这也有可能是树种本身内部缺陷所造成。
4	柱	11–E	未发现严重残损。
5	柱	12–E	未发现严重残损。
6	柱	其他	其他裸露立柱通过普查未发现严重残损。

备注：残损计算面积及位置和真正残损会有一定的误差，但一般来说残损检测面积越大的其实际残损也越严重；图中橙色为中度及以上的残损区域，黄色为轻度残损区域。

检测存在问题立柱的残损位置及大小示意图如下：

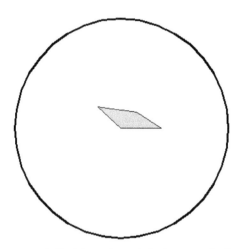

12-D 立柱残损示意图（高度 20 厘米处）

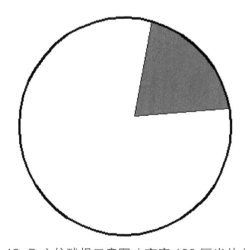

12-D 立柱残损示意图（高度 120 厘米处）

九号房（正房）

通过对九号房（正房）立柱普查数据进行分析，选取以下立柱进行了阻力仪检测，结果表明 B6、D5 内部存在极轻微的残损，检测立柱统计信息如下：

九号房（正房）立柱材质状况简表

编号	名称	位置	材质状况
1	柱	A–4	未发现严重残损。
2	柱	A–9	未发现严重残损。
3	柱	B–4	未发现严重残损。
4	柱	B–5	未发现严重残损。
5	柱	B–9	立柱内部存在轻微残损。
6	柱	E–8	立柱南侧存在轻微残损。
7	柱	F–5	未发现严重残损。
8	柱	F–6	未发现严重残损。
9	柱	F–8	未发现严重残损。
10	柱	F–9	未发现严重残损。
11	柱	其他	其他裸露立柱通过普查未发现严重残损。
备注：残损计算面积及位置和真正残损会有一定的误差，但一般来说残损检测面积越大的其实际残损也越严重；图中橙色为中度及以上的残损区域，黄色为轻度残损区域。			

检测存在问题立柱的残损位置及大小示意图如下：

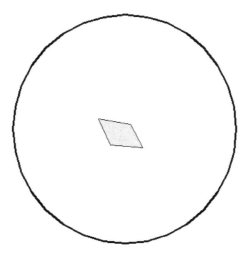

B-9 立柱残损示意图（高度 20 厘米处）

143

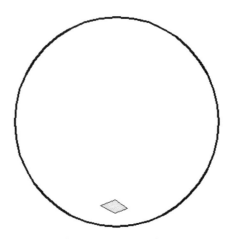

E-8 立柱残损示意图（高度20厘米处）

5.4 树种鉴定结果

本报告中所涉及的相关树种鉴定结果，均是在不破坏和不影响各建筑外观、结构和功能的前提条件下，采用多种方法对各构件进行取样，经专业人员切片、制片，再由有关专家通过光学显微镜观察，并查阅大量的相关资料得出。

七号房、八号房、九号房木构架树种鉴定结果如下：

七号房（西耳房）木构架树种鉴定表

编号	名称	位置	树种	拉丁学名
1	柱	1-1/D	杉木	*Cunninghamia lanceolata*
2	三架梁	2-D-E	硬木松	*Pinus sp.*
3	五架梁	2-D-E	硬木松	*Pinus sp.*
4	脊檩	1-2-1/D	硬木松	*Pinus sp.*
5	前上金檩	1-2-D	硬木松	*Pinus sp.*
6	脊檩枋	1-2-1/D	落叶松	*Larix sp.*

八号房（东耳房）木构架树种鉴定表

编号	名称	位置	树种	拉丁学名
1	柱	12-1/D	杉木	*Cunninghamia lanceolata*
2	三架梁	11-D-E	云杉	*Picea sp.*
3	五架梁	11-D-E	硬木松	*Pinus sp.*
4	脊檩	11-12-1/D	硬木松	*Pinus sp.*
5	前上金檩	11-12-D	硬木松	*Pinus sp.*
6	脊檩枋	11-12-1/D	落叶松	*Larix sp.*

九号房（正房）木构架树种鉴定表

编号	名称	位置	树种	拉丁学名
1	柱	4-D	杉木	*Cunninghamia lanceolata*
2	柱	9-D	杉木	*Cunninghamia lanceolata*
3	三架梁	8-B-E	云杉	*Picea sp.*
4	五架梁	8-B-E	落叶松	*Larix sp.*
5	七架梁	8-B-E	云杉	*Picea sp.*
6	脊檩	8-9-D	硬木松	*Pinus sp.*
7	后上金檩	8-9-E	云杉	*Picea sp.*
8	脊檩枋	8-9-D	落叶松	*Larix sp.*
9	后上金枋	8-9-E	落叶松	*Larix sp.*

6. 结构安全性鉴定

6.1 评定方法和原则

根据 DB11/T1190.1—2015，古建筑安全性鉴定分为构件、子单元、鉴定单元 3 个项目。首先根据构件各项目检查结果，判定单个构件安全性等级，然后根据子单元各项目检查结果及各种构件的安全性等级，判定子单元安全性等级，最后根据各子单元的安全性等级，判定鉴定单元安全性等级。

本次鉴定将委托鉴定的区域列为 1 个鉴定单元，每个鉴定单元分为地基基础、上部承重结构及围护系统 3 个子单元，分别对其安全性进行评定。

6.2 子单元安全性鉴定评级

地基基础安全性评定

经检查，未发现地基基础存在影响上部结构安全的不均匀沉降裂缝和明显变形，因此，本鉴定单元地基基础的安全性评为 A_u 级。

上部承重结构安全性评定

（1）构件的安全性鉴定

木构件的安全性等级判定，应按承载能力、构造、不适于继续承载的位移（或变形）、裂缝、腐朽、虫蛀、天然缺陷、历次加固现状等检查项目，分别判定每一受检构件的等级，并取其中最低一级作为该构件的安全性等级。

1）木柱安全性评定

经统计评定，七号房（西耳房）柱构件的安全性等级为 A_u 级；八号房（东耳房）柱构件的安全性等级为 A_u 级；九号房（正房）柱构件的安全性等级为 A_u 级。

2）木梁架中构件安全性评定

经统计评定，七号房（西耳房）梁构件的安全性等级为 C_u 级；七号房（西耳房）檩、枋、楞木的安全性等级为 C_u 级。

八号房（东耳房）梁构件的安全性等级为 C_u 级；八号房（东耳房）檩、枋、楞木的安全性等级为 B_u 级。

九号房（正房）梁架木构件普遍进行过加固，梁构件的安全性等级为 B_u 级；九号房（正房）檩、枋、楞木的安全性等级为 B_u 级。

（2）结构整体性安全性评定

1）整体倾斜安全性评定

经测量，各结构未发现存在明显整体倾斜，均评为 A_u 级。

2）局部倾斜安全性评定

经测量，多根柱子存在一定程度的相对位移，但未大于 H/90，局部倾斜综合均评为 B_u 级。

3）构件间的联系安全性评定

纵向连枋及其联系构件的连接未出现明显松动，构架间的联系综合均评为 A_u 级。

4）梁柱间的联系安全性评定

榫卯节点未发现存在拔榫现象，梁柱间的联系综合均评定为 A_u 级。

5）榫卯完好程度安全性评定

榫卯材质基本完好，多处榫卯存在明显劈裂，其中，七号房（西耳房）1处，八号房（东耳房）2处，九号房（正房）1处，榫卯完好程度均评定为 B_u 级。

综合评定该单元上部承重结构整体性的安全性等级均为 B_u 级。

综上，七号房（西耳房）上部承重结构的安全性等级评定为 C_u 级；八号房（东耳房）上部承重结构的安全性等级评定为 C_u 级；九号房（正房）上部承重结构的安全性等级评定为 B_u 级。

围护系统安全性评定

围护系统主要包括自承重墙体、屋面等构件。

墙体未发现存在明显开裂、风化及变形，该项目均评定为 A_u 级。

屋面未见明显破损现象，该项目均评定为 A_u 级。

综合评定该单元围护系统的安全性等级均为 A_u 级。

6.3　鉴定单元的鉴定评级

综合上述，根据DB11/T1190.1—2015《古建筑结构安全性鉴定技术规范 第1部分：木结构》，七号房（西耳房）鉴定单元的安全性等级评为 C_{su} 级，安全性不符合本标准对 A_{su} 级的要求，显著影响整体承载；八号房（东耳房）鉴定单元的安全性等级评为 C_{su} 级，安全性不符合本标准对 A_{su} 级的要求，显著影响整体承载；九号房（正房）鉴定单元的安全性等级评为 B_{su} 级，安全性略低于本标准对 A_{su} 级的要求，尚不显著影响整体承载。

7. 处理建议

（1）建议对七号房（西耳房）、八号房（东耳房）开裂程度相对较大的梁枋檩及瓜柱等木构件进行修复处理，可采用嵌补的方法进行修整，再用铁箍箍紧。

（2）建议对九号房（正房）部分未采取加固措施的开裂程度相对较大的梁枋檩及瓜柱等木构件进行修复处理，可采用嵌补的方法进行修整，再用铁箍箍紧。

（3）建议对存在风化剥落的阶条石进行修复处理。

第七章 十一号房（西配房）结构安全检测鉴定

1. 建筑概况

1.1 建筑简况

十一号房（西配房）面积约 92 平方米，六檩前出廊硬山建筑，面阔三间，下设直方形砖砌台基。

1.2 现状立面照片

十一号房（西配房）东立面

十一号房（西配房）西立面

1.3 建筑测绘图纸

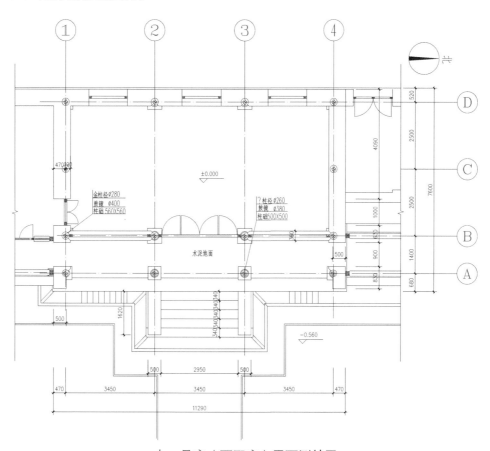

十一号房（西配房）平面测绘图

149

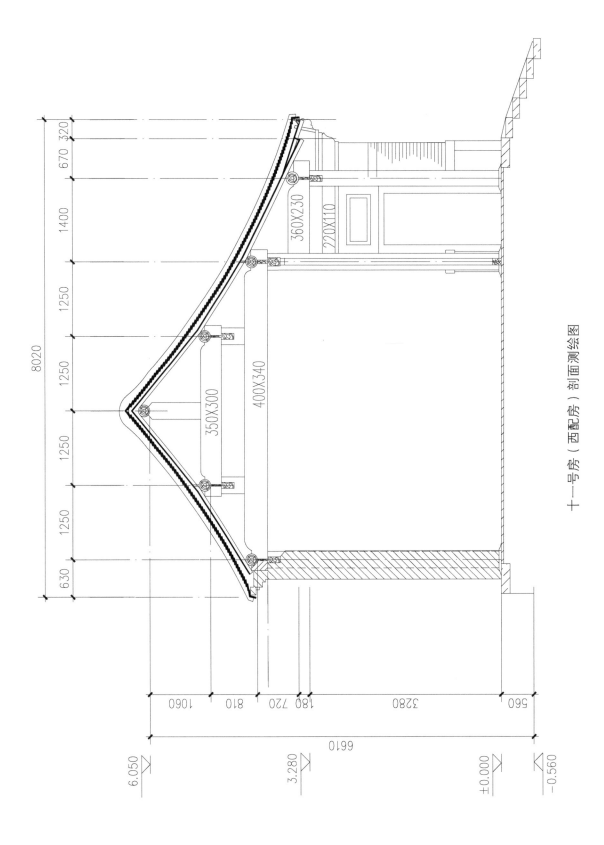

十一号房（西配房）剖面测绘图

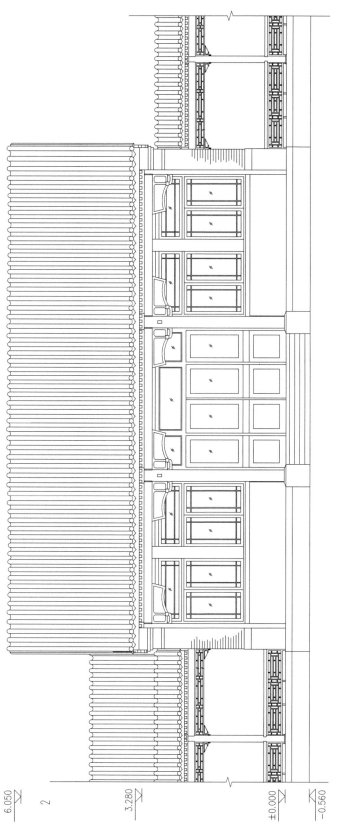

十一号房（西配房）东立面测绘图

6.050

2

3.280

±0.000

−0.560

151

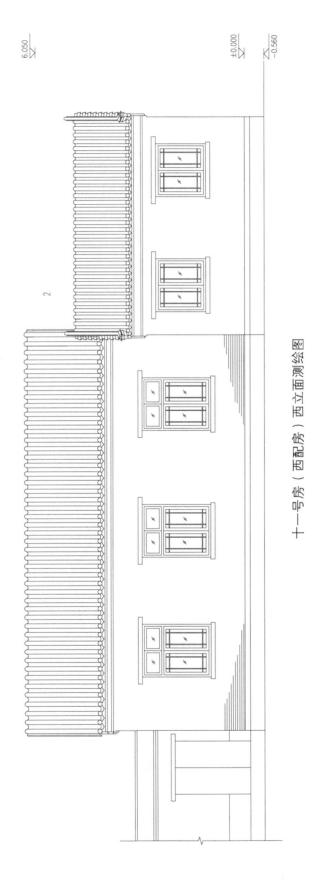

十一号房（西配房）西立面测绘图

2. 结构振动测试

现场使用 941B 型超低频测振仪、Dasp 数据采集分析软件对结构进行振动测试，测振仪放置在 2 轴梁架东侧抱头梁上；同时测得结构水平最大响应速度为 0.16 毫米 / 秒。

结构振动测试一览表

方向	峰值频率（赫兹）
东西向	4.88
南北向	5.18

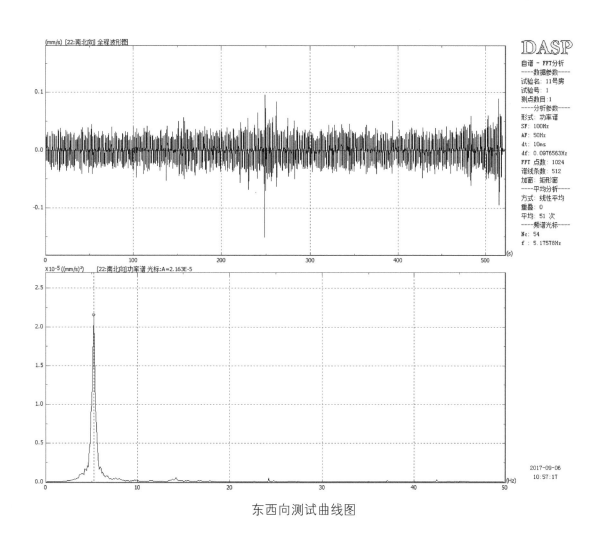

东西向测试曲线图

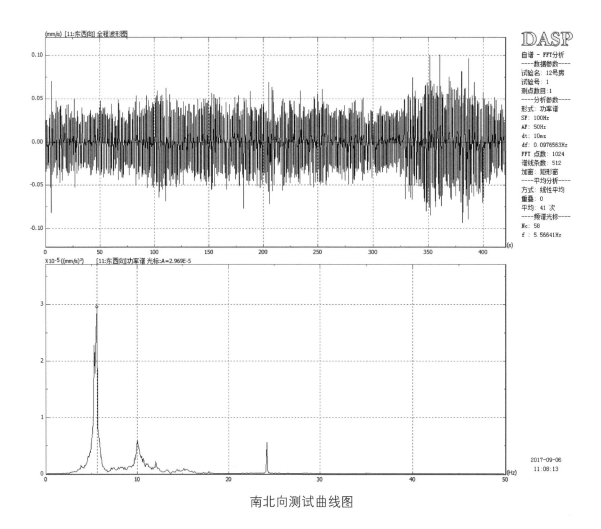

南北向测试曲线图

自振频率是由质量和刚度共同决定的，其中，建筑平面体型、墙体布置、结构内部损伤等因素会影响结构的刚度。

依据《古建筑防工业振动技术规范》GB/T50452—2008，古建筑木结构的水平固有频率为

$$f = \frac{1}{2\pi H} \lambda_j \varphi \frac{1}{2 \times 3.14 \times 3.46} \times 1.571 \times 52 = 3.76\text{Hz}$$

结构南北向的实测频率为 4.88 赫兹，高于计算频率，推测是由于本结构均有贴建房屋，结构刚度变大，导致结构频率变高。

根据《古建筑防工业振动技术规范》GB/T50452—2008，对于国家文物保护单位关于木结构顶层柱顶水平容许振动速度最高不能超过 0.18 毫米／秒～0.22 毫米／秒，本结构水平振动速度未超过规范的限值。

3. 地基基础雷达探查

采用地质雷达对结构地基基础进行探查。雷达天线频率为 300 兆赫，雷达扫描路线示意图、结构详细测试结果如下：

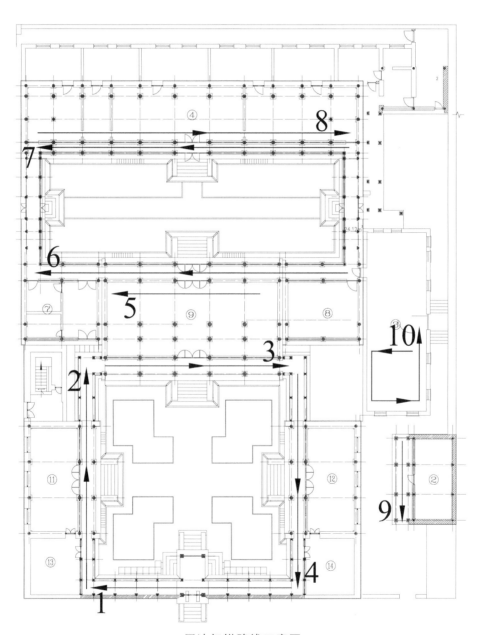

雷达扫描路线示意图

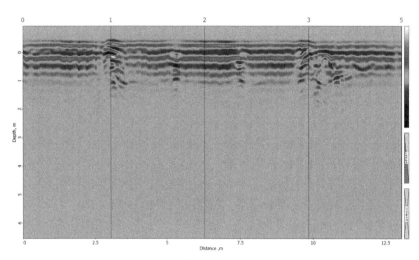

路线2（东侧走廊，图中中间部位1～3点区域为十一号房）雷达测试图

由雷达测试结果可见，台基下方雷达反射波基本平直连续，没有明显空洞等缺陷。由于地面无法开挖与雷达图像进行比对，解释结果仅作为参考。

4. 结构外观质量检查

4.1 地基基础

经现场检查，台基阶条石存在风化剥落的现象，台基未见其他明显损坏，上部结构未见因地基不均匀沉降而导致的明显裂缝和变形，建筑的地基基础承载状况基本良好，台基现状如下图：

十一号房（西配房）台基

4.2 围护结构

经现场检查，墙体基本完好，没有明显的开裂和鼓闪变形，西侧外墙存在轻微风化剥落现象，墙体现状如下图：

十一号房（西配房）西侧外墙

十一号房（西配房）北侧外墙

4.3 屋盖结构

经现场检查，屋盖结构基本完好，未见其他破损现象，未见明显渗漏现象，屋檐现状如下图：

十一号房（西配房）西侧屋檐

十一号房（西配房）东侧屋檐

4.4 木构架

对十一号房（西配房）具备检测条件的木构架进行检查，经检查，木构架存在的残损现象主要有：

（1）部分梁枋檩等构件存在干缩裂缝。

（2）部分瓜柱存在劈裂现象。

存在开裂的梁枋檩等构件多数采用扁铁钉住或箍住，少量没有经过加固处理。

典型木构架残损现状、各榀木梁架现状如下图：

十一号房（西配房）木构架 2-B-D 三架梁及瓜柱裂缝

十一号房（西配房）木构架 3-4-A 中金檩裂缝

十一号房（西配房）1轴梁架

十一号房（西配房）2轴梁架

十一号房（西配房）3轴梁架

十一号房（西配房）4轴梁架

4.5 台基相对高差测量

现场对房屋的柱础石上表面的相对高差进行了测量，测量结果如下：

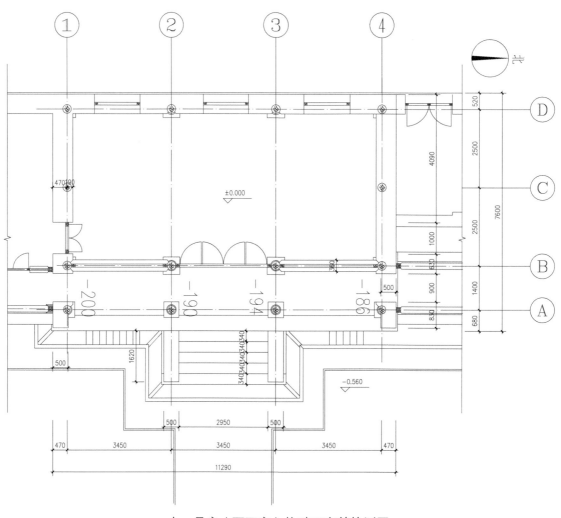

十一号房（西配房）柱础石高差检测图

测量结果表明，各柱础石顶部存在一定的相对高差，其中1-A轴柱础相对位置最高，与4-A轴处柱础之间的相对高差最大，为14毫米，由于结构初期可能存在施工偏差，此部分高差不完全是地基的沉降差，鉴于目前未发现结构存在因地基不均匀沉降而导致的明显损坏现象，可暂不进行处理。

4.6 木构架局部倾斜

现场测量部分柱的倾斜程度，测量结果如下：

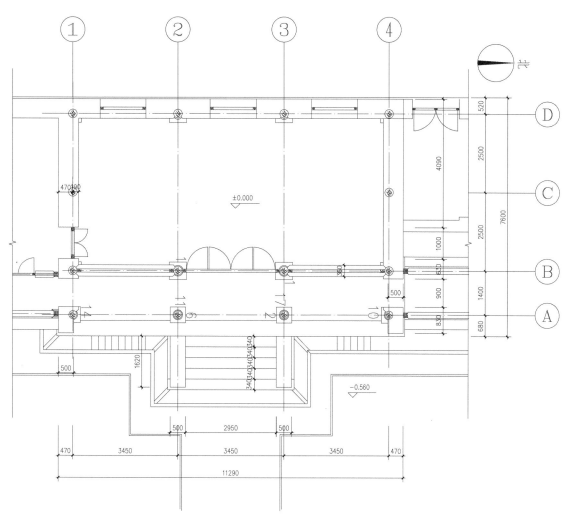

十一号房（西配房）柱倾斜检测图

柱边的数据表示柱底部 2 米的高度范围内上端和下端的相对垂直偏差，数字的位置表示柱上部偏移的方向。由图可见，A 轴檐柱上端基本上都向西侧和中间偏移。B 轴金柱在东西方向基本未发生倾斜。

古建常规做法中，金柱和檐柱一般设置侧脚，会向中间偏移。目前各轴柱倾斜趋势基本正常，最大相对位移 Δ =17 毫米 <H/90=22 毫米，未超出规范的限值。

5. 木结构材质状况勘察

5.1 勘察概述

勘查目的

主要对木结构进行无（微）损检测，评价其材质状况（腐朽、开裂、断裂等）；检测同时对部分木构件进行取样和树种鉴定，以获得该建筑使用木材的物理力学性质等特性，从而为古建筑维护选材提供依据。

勘查方法

在条件具备的情况下，通过观测、敲击和简单工具对该建筑单体所有能触及的木构件进行普查，记录木构件的材质状况，包括含水率概况，开裂、腐朽等，对存在问题的木构件选择性进行取样和树种鉴定。

抽查部分裸露的木柱进行阻力仪深层探测，以抽查目测存在缺陷、含水率较高或敲击异常的木柱为主。

阻力仪检测结果说明

此次对木结构材质状况的勘查主要分为以下 3 个步骤：木构件材质状况普查、主要承重构件的深层检测和构件的树种鉴定。建筑单体的普查是通过目测、敲击和部分工具对该建筑单体所有能触及的木构件进行整体检测，记录木构件的材质状况；深层检测是在普查的数据基础上，利用无损检测仪器对部分存在问题的立柱构件进行深层分析。用于本次深层检测的仪器为阻力仪。

阻力仪检测结果中，黄色区域表示估计的轻度腐朽面积；橘红色区域表示估计的中度腐朽面积；红色区域表示估计的重度腐朽面积或裂缝区域。本书中绘制的腐朽面积和真正的腐朽面积有一定误差，但不影响分析结果。一般来说，绘制图较多的柱子，其腐朽问题也比较严重。

立柱勘查一般从距柱根 20 厘米开始约到柱高 1/3，若 20 厘米处明显严重腐朽或探测存在问题则每隔一定高度（如 30 厘米）往上补充勘查，比如说 20 厘米、50 厘米、80 厘米，依此类推；若 20 厘米处探测没有材质问题，则不进行 50 厘米高度的探测。下述图中若只有 20 厘米高度的勘查图形，表示 50 厘米高度及以上的勘查结果正常。

| 轻度区域 | 中度区域 | 重度腐朽或裂缝区域 |

缺陷分等示意图

5.2 材质状况检测结果

经测试，十一号房（西配房）木构件平均含水率为 11.66%，木构件含水率大多在 9.0%～15.0% 之间；不存在含水率测定数值非常异常的木构件。

十一号房（西配房）存在的主要材质问题为开裂，如五架梁 2-B-D 贯通开裂（最宽处约宽 2.0 厘米），五架梁 3-B-D 贯通开裂（最宽处约宽 2.0 厘米）。

部分木构件材质现状如下图：

十一号房（西配房）三架梁 3-B-D 贯通开裂（最宽处约宽 1.0 厘米，深 6 厘米）

十一号房（西配房）五架梁 2-B-D 贯通开裂（最宽处约宽 2.0 厘米，深 10 厘米）

十一号房（西配房）五架梁 3-B-D 贯通开裂（最宽处约宽 2.0 厘米，深 10 厘米）

十一号房（西配房）脊檩3-4-C贯通开裂（最宽处约宽1.0厘米，深6厘米）

十一号房（西配房）前金檩2-3-B断续开裂（最宽处约宽1.0厘米深6厘米）

十一号房（西配房）前金檩3-4-B贯通开裂（最宽处约宽1.0厘米，深6厘米）

5.3 阻力仪检测结果

通过对十一号房（西配房）立柱普查数据进行分析，选取以下立柱进行了阻力仪检测，结果表明A-3内部存在轻微的残损，检测立柱统计信息如下：

十一号房（西配房）立柱材质状况简表

编号	名称	位置	材质状况
1	柱	A-1	未发现严重残损。
2	柱	A-3	立柱西侧存在轻微残损，残损高度约80厘米，这也可能是因为西侧存在木材剔补所造成。
3	柱	A-4	未发现严重残损。
4	柱	其他	其他裸露立柱通过普查未发现严重残损。
备注：残损计算面积及位置和真正残损会有一定的误差，但一般来说残损检测面积越大的其实际残损也越严重；图中橙色为中度及以上的残损区域，黄色为轻度残损区域。			

检测存在问题立柱的残损位置及大小示意图如下：

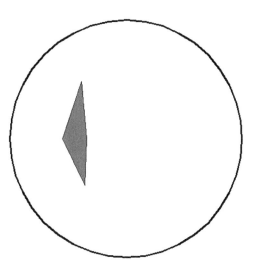

A-3立柱残损示意图（高度20厘米处）

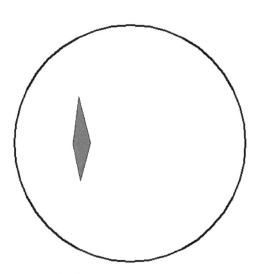

A-3立柱残损示意图（高度50厘米处）

5.4 树种鉴定结果

本书中所涉及的相关树种鉴定结果，均是在不破坏和不影响各建筑外观、结构和功能的前提条件下，采用多种方法对各构件进行取样，经专业人员切片、制片，再由有关专家通过光学显微镜观察，并查阅大量的相关资料得出。

十一号房（西配房）木构架树种鉴定结果如下：

十一号房（西配房）木构架树种鉴定表

编号	名称	位置	树种	拉丁学名
1	柱	C-4	落叶松	*Larix sp.*
2	三架梁	3-B-D	硬木松	*Pinus sp.*
3	五架梁	3-B-D	落叶松	*Larix sp.*
4	脊檩	3-4-C	硬木松	*Pinus sp.*
5	前金檩	3-4-B	硬木松	*Pinus sp.*
6	脊檩枋	3-4-C	软木松	*Pinus sp.*

6. 结构安全性鉴定

6.1 评定方法和原则

根据 DB11/T1190.1—2015，古建筑安全性鉴定分为构件、子单元、鉴定单元 3 个项目。首先根据构件各项目检查结果，判定单个构件安全性等级，然后根据子单元各项目检查结果及各种构件的安全性等级，判定子单元安全性等级，最后根据各子单元的安全性等级，判定鉴定单元安全性等级。

本次鉴定将委托鉴定的区域列为 1 个鉴定单元，每个鉴定单元分为地基基础、上部承重结构及围护系统 3 个子单元，分别对其安全性进行评定。

6.2 子单元安全性鉴定评级

地基基础安全性评定

经检查，未发现地基基础存在影响上部结构安全的不均匀沉降裂缝和明显变形，因此，本鉴定单元地基基础的安全性评为 A_u 级。

上部承重结构安全性评定

（1）构件的安全性鉴定

木构件的安全性等级判定，应按承载能力、构造、不适于继续承载的位移（或变形）、裂缝、腐朽、虫蛀、天然缺陷、历次加固现状等检查项目，分别判定每一受检构件的等级，并取其中最低一级作为该构件的安全性等级。

1）木柱安全性评定

1根柱存在轻微残损，评为 b_u 级；其余柱未发现存在明显变形、裂缝及腐朽等缺陷，均评为 a_u 级。

经统计评定，柱构件的安全性等级为 A_u 级。

2）木梁架中构件安全性评定

3根梁存在明显开裂，裂缝深度超过材宽的 1/4，但多数经过加固，上述梁构件评为 b_u 级。

3根檩存在明显开裂，裂缝深度超过材宽的 1/4，但多数经过加固，上述梁构件评为 b_u 级。

其他梁檩枋楞木构件未发现存在明显变形、裂缝及腐朽等缺陷，均评为 a_u 级。

经统计评定，梁构件的安全性等级为 B_u 级；檩、枋、楞木的安全性等级为 B_u 级。

（2）结构整体性安全性评定

1）整体倾斜安全性评定

经测量，结构未发现存在明显整体倾斜，评为 A_u 级。

2）局部倾斜安全性评定

经测量，多根柱子存在一定程度的相对位移，但未大于 H/90，局部倾斜综合评为 B_u 级。

3）构件间的联系安全性评定

纵向连枋及其联系构件的连接未出现明显松动，构架间的联系综合评为 A_u 级。

4）梁柱间的联系安全性评定

榫卯节点未发现存在拔榫现象，梁柱间的联系综合评定为 A_u 级。

5）榫卯完好程度安全性评定

榫卯材质基本完好，个别瓜柱榫卯完好程度综合评定为 B_u 级。

综合评定该单元上部承重结构整体性的安全性等级为 B_u 级。

综上，上部承重结构的安全性等级评定为 B_u 级。

围护系统安全性评定

围护系统主要包括自承重墙体、屋面等构件。

西侧外墙存在轻微风化剥落现象，未发现存在其他明显开裂及变形，该项目评定为 B_u 级。

屋面未见明显破损现象，该项目评定为 A_u 级。

综合评定该单元围护系统的安全性等级为 B_u 级。

6.3 鉴定单元的鉴定评级

综合上述，根据 DB11/T1190.1—2015《古建筑结构安全性鉴定技术规范 第 1 部分：木结构》，鉴定单元的安全性等级评为 B_{su} 级，安全性略低于本标准对 A_{su} 级的要求，尚不显著影响整体承载。

7. 处理建议

（1）建议对部分未采取加固措施的开裂程度相对较大的梁枋檩及瓜柱等木构件进行修复处理，可采用嵌补的方法进行修整，再用铁箍箍紧。

（2）建议对存在风化剥落的阶条石和墙体进行修复处理。

第八章　十二号房（东配房）结构安全检测鉴定

1. 建筑概况

1.1 建筑简况

十二号房（东配房）面积约 92 平方米，六檩前出廊硬山建筑，面阔三间，下设直方形砖砌台基。

1.2 现状立面照片

十二号房（东配房）西立面

十二号房（东配房）东立面

1.3 建筑测绘图纸

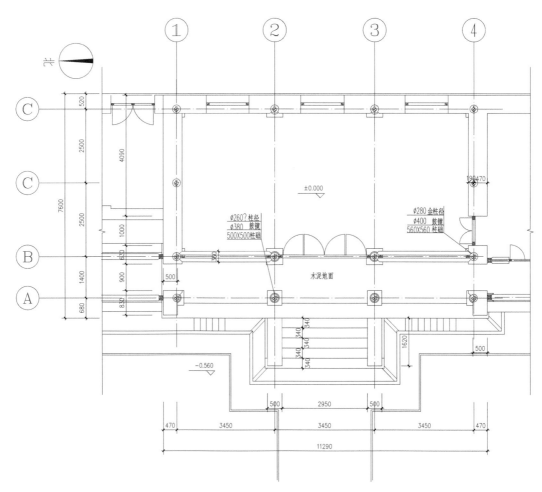

十二号房（东配房）平面测绘图

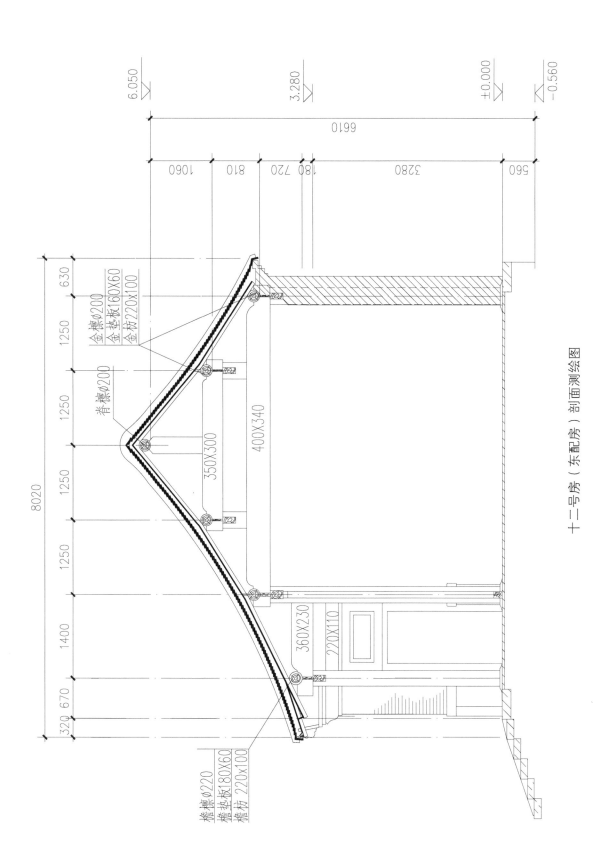

6.050

3.280

±0.000

−0.560

6610

1060 810 720 180 3280 560

630 1250 1250 1250 1400 670 320

8020

金檩φ200
金垫板160X60
金枋220X100

脊檩φ200

350X300

400X340

360X230

220X110

檐檩φ220
檐垫板180X60
檐枋220X100

十二号房（东配房）剖面测绘图

175

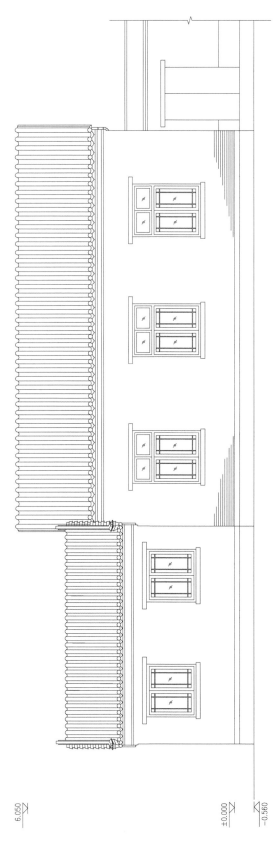

十二号房（东配房）东立面测绘图

6.050

±0.000

-0.560

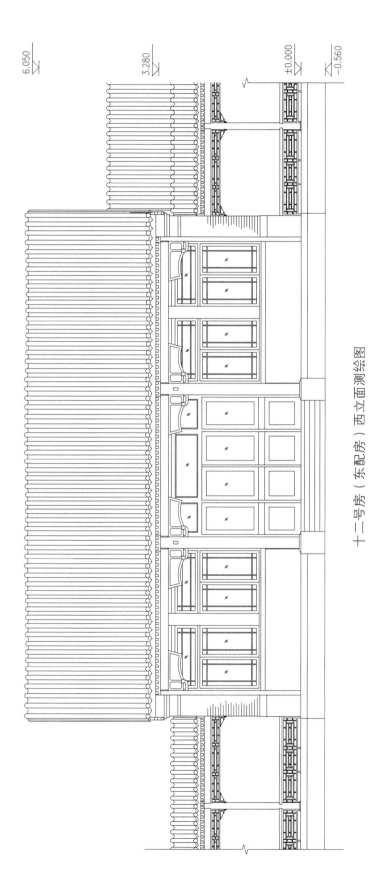

十二号房（东配房）西立面测绘图

177

2. 结构振动测试

现场使用 941B 型超低频测振仪、Dasp 数据采集分析软件对结构进行振动测试，测振仪放置在 7 轴梁架南侧抱头梁上；同时测得结构水平最大响应速度为 0.10 毫米 / 秒。

结构振动测试一览表

方向	峰值频率（赫兹）
东西向	5.57
南北向	5.57

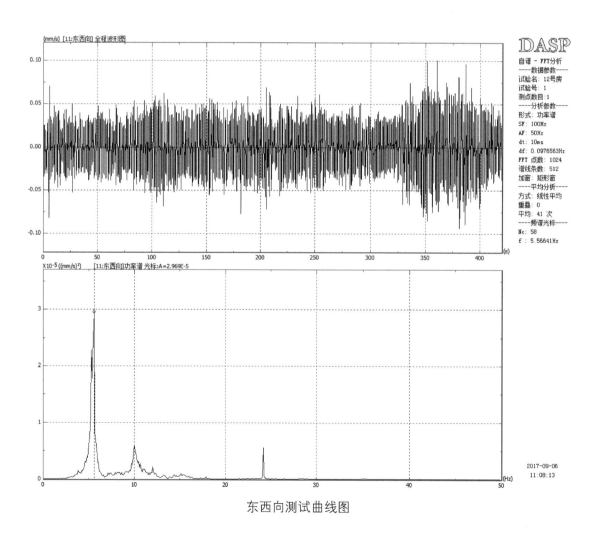

东西向测试曲线图

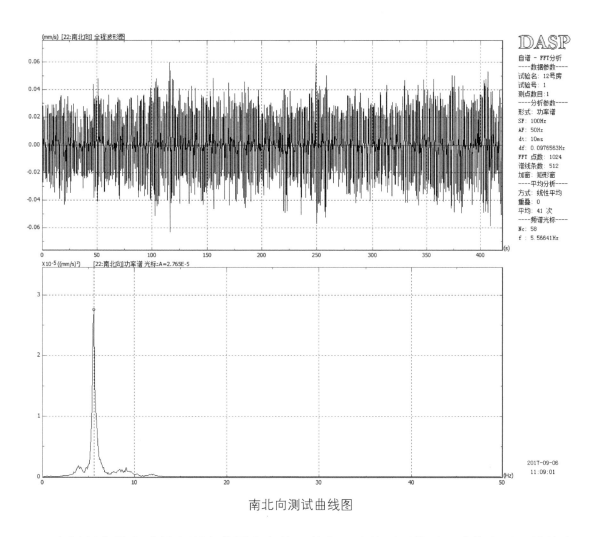

南北向测试曲线图

自振频率是由质量和刚度共同决定的，其中，建筑平面体型、墙体布置、结构内部损伤等因素会影响结构的刚度。

依据《古建筑防工业振动技术规范》GB/T50452—2008，古建筑木结构的水平固有频率为

$$f = \frac{1}{2\pi H}\, \lambda_y\varphi\, \frac{1}{2 \times 3.14 \times 3.46} \times 1.571 \times 52 = 3.76\text{Hz}$$

结构南北向的实测频率为 4.88 赫兹，高于计算频率，推测是由于本结构均有贴建房屋，结构刚度变大，导致结构频率变高。

根据《古建筑防工业振动技术规范》GB/T50452—2008，对于国家文物保护单位关于木结构顶层柱顶水平容许振动速度最高不能超过 0.18 毫米 / 秒～ 0.22 毫米 / 秒，本结构水平振动速度未超过规范的限值。

3. 地基基础雷达探查

采用地质雷达对结构地基基础进行探查。雷达天线频率为 300 兆赫，雷达扫描路线示意图、结构详细测试结果如下：

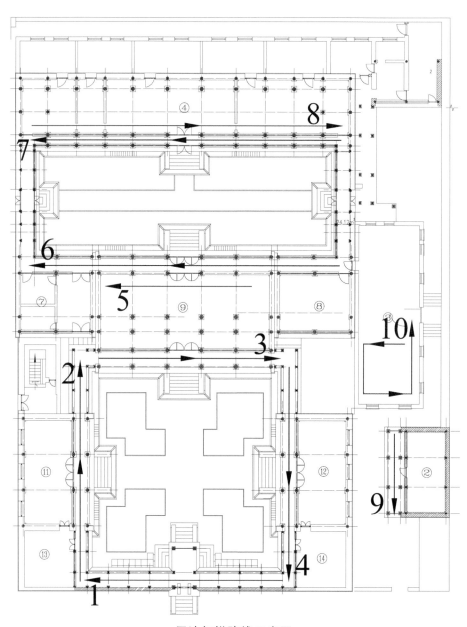

雷达扫描路线示意图

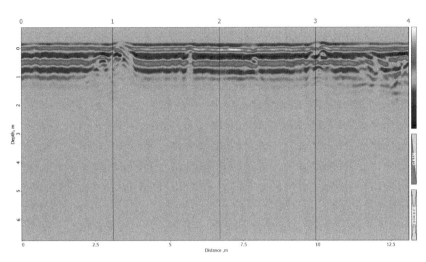

路线4（西侧走廊，图中中间部位1～3点区域为十二号房）雷达测试图

由雷达测试结果可见，台基下方雷达反射波基本平直连续，没有明显空洞等缺陷。由于地面无法开挖与雷达图像进行比对，解释结果仅作为参考。

4.结构外观质量检查

4.1 地基基础

经现场检查，台基阶条石存在风化剥落的现象，台基未见其他明显损坏，上部结构未见因地基不均匀沉降而导致的明显裂缝和变形，建筑的地基基础承载状况基本良好，台基现状如下图：

十二号房（东配房）西侧台基

十二号房（东配房）东侧台基

4.2 围护结构

墙体基本完好，没有明显的开裂和鼓闪变形，墙体现状如下图：

十二号房（东配房）南侧外墙

十二号房（东配房）东侧外墙

4.3 屋盖结构

经现场检查，屋盖结构基本完好，未见其他破损现象，未见明显渗漏现象，屋檐现状如下图：

十二号房（东配房）屋檐

4.4 木构架

对十二号房（东配房）具备检测条件的木构架进行检查，经检查，木构架存在的残损现象主要有：

（1）部分梁枋檩等构件存在干缩裂缝。

（2）部分瓜柱存在轻微开裂现象。

存在开裂的梁枋檩等构件多数采用扁铁钉住或箍住，少量没有经过加固处理。

典型木构架残损现状、各榀木梁架现状如下：

十二号房（东配房）木构架 2-3-D 后金檩裂缝

十二号房（东配房）木构架 3 轴脊瓜柱轻微开裂

十二号房（东配房）木构架 2 轴三架梁开裂及加固情况

十二号房（东配房）1轴梁架

十二号房（东配房）2轴梁架

十二号房（东配房）3 轴梁架

十二号房（东配房）4 轴梁架

4.5 台基相对高差测量

现场对房屋的柱础石上表面的相对高差进行了测量，测量结果如下：

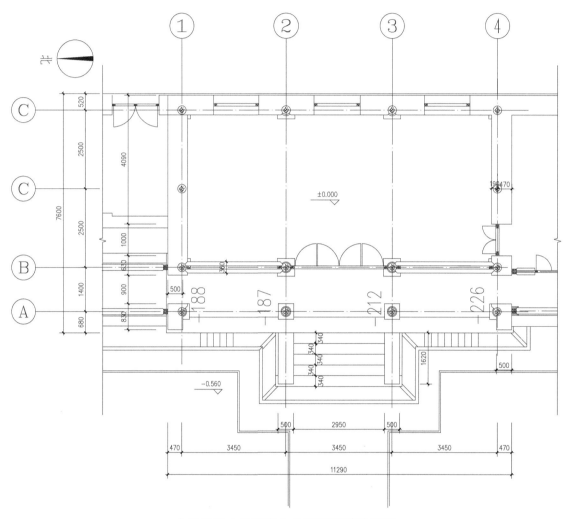

十二号房（东配房）柱础石高差检测图

测量结果表明，各柱础石顶部存在一定的相对高差，其中 2-A 轴柱础相对位置最高，与 4-A 轴处柱础之间的相对高差最大，为 39 毫米，由于结构初期可能存在施工偏差，此部分高差不完全是地基的沉降差，鉴于目前未发现结构存在因地基不均匀沉降而导致的明显损坏现象，可暂不进行处理。

4.6 木构架局部倾斜

现场测量部分柱的倾斜程度，测量结果如下：

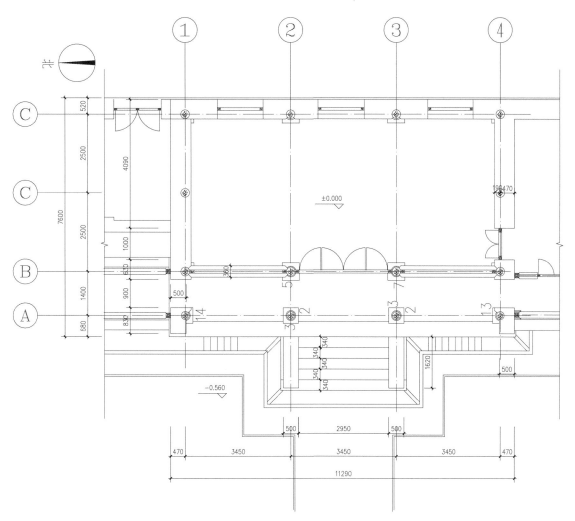

十二号房（东配房）柱倾斜检测图

柱边的数据表示柱底部 2 米的高度范围内上端和下端的相对垂直偏差，数字的位置表示柱上部偏移的方向。由图可见，A 轴檐柱上端南北向基本上都向中间偏移，B 轴金柱的上端基本上都向西侧偏移。

古建常规做法中，金柱和檐柱一般设置侧脚，会向中间偏移。A、B 轴柱子目前的偏移程度与建造时存在差异，柱顶多数向西侧偏移，最大相对位移 Δ=7 毫米 <H/90=22 毫米，未超出规范的限值。

5. 木结构材质状况勘察

5.1 勘察概述

勘查目的

主要对木结构进行无（微）损检测，评价其材质状况（腐朽、开裂、断裂等）；检测同时对部分木构件进行取样和树种鉴定，以获得该建筑使用木材的物理力学性质等特性，从而为古建筑维护选材提供依据。

勘查方法

在条件具备的情况下，通过观测、敲击和简单工具对该建筑单体所有能触及的木构件进行普查，记录木构件的材质状况，包括含水率概况，开裂、腐朽等，对存在问题的木构件选择性进行取样和树种鉴定。

抽查部分裸露的木柱进行阻力仪深层探测，以抽查目测存在缺陷、含水率较高或敲击异常的木柱为主。

阻力仪检测结果说明

此次对木结构材质状况的勘查主要分为以下 3 个步骤：木构件材质状况普查、主要承重构件的深层检测和构件的树种鉴定。建筑单体的普查是通过目测、敲击和部分工具对该建筑单体所有能触及的木构件进行整体检测，记录木构件的材质状况；深层检测是在普查的数据基础上，利用无损检测仪器对部分存在问题的立柱构件进行深层分析。用于本次深层检测的仪器为阻力仪。

阻力仪检测结果中，黄色区域表示估计的轻度腐朽面积；橘红色区域表示估计的中度腐朽面积；红色区域表示估计的重度腐朽面积或裂缝区域。本书中绘制的腐朽面积和真正的腐朽面积有一定误差，但不影响分析结果。一般来说，绘制图较多的柱子，其腐朽问题也比较严重。

立柱勘查一般从距柱根 20 厘米开始约到柱高 1/3，若 20 厘米处明显严重腐朽或探测存在问题则每隔一定高度（如 30 厘米）往上补充勘查，比如说 20 厘米、50 厘米、80 厘米，依此类推；若 20 厘米处探测没有材质问题，则不进行 50 厘米高度的探测。下述图中若只有 20 厘米高度的勘查图形，表示 50 厘米高度及以上的勘查结果正常。

轻度区域　　　　　　　　中度区域　　　　重度腐朽或裂缝区域

缺陷分等示意图

5.2 材质状况检测结果

经测试，十二号房（东配房）木构件平均含水率为 10.96%，木构件含水率大多在 9.0%～13.0% 之间；不存在含水率测定数值非常异常的木构件。

东厢房存在的主要材质问题为开裂，如五架梁 3-B-D 贯通开裂（最宽处约宽 1.5 厘米），三架梁 2-B-D 贯通开裂（最宽处约宽 1.0 厘米）。此外，三架梁 3-B-D 表面轻度腐朽，前檐檩 1-2-B 有水迹。

部分木构件材质现状如下：

十二号房（东配房）三架梁 2-B-D 贯通开裂（最宽处约宽 1.0 厘米，深 6 厘米）

十二号房（东配房）三架梁3-B-D表面轻度腐朽（约宽5厘米，深1厘米）

十二号房（东配房）三架梁3-B-D多处开裂（最宽处约宽1.0厘米，深6厘米）

十二号房（东配房）五架梁3-B-D贯通开裂（最宽处约宽1.5厘米，深8厘米）

十二号房（东配房）后金檩2-3-D贯通开裂（最宽处约宽1.0厘米，深6厘米）

十二号房（东配房）前檐檩 1-2-B 有水迹

5.3 阻力仪检测结果

通过对东厢房立柱普查数据进行分析，选取以下立柱进行了阻力仪检测，结果表明 A-1、A-4 内部存在轻微的残损，检测立柱统计信息如下：

十二号房（东配房）立柱材质状况简表

编号	名称	位置	材质状况
1	柱	A-1	立柱内部存在轻微残损。
2	柱	A-4	立柱内部存在轻微残损。
3	柱	B-3	未发现严重残损。
4	柱	其他	其他裸露立柱通过普查未发现严重残损。

备注：残损计算面积及位置和真正残损会有一定的误差，但一般来说残损检测面积越大的其实际残损也越严重；图中橙色为中度及以上的残损区域，黄色为轻度残损区域。

检测存在问题立柱的残损位置及大小示意图如下：

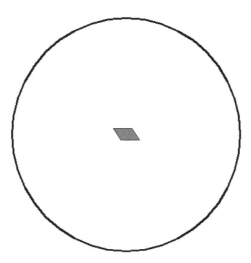

A-1 立柱残损示意图（高度 20 厘米处）

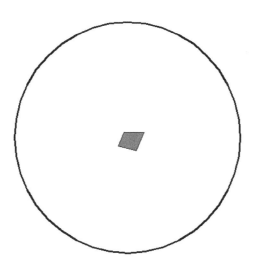

A-4 立柱残损示意图（高度 20 厘米处）

5.4 树种鉴定结果

本书中所涉及的相关树种鉴定结果，均是在不破坏和不影响各建筑外观、结构和功能的前提条件下，采用多种方法对各构件进行取样，经专业人员切片、制片，再由有关专家通过光学显微镜观察，并查阅大量的相关资料得出。

十二号房（东配房）木构架树种鉴定结果如下：

十二号房（东配房）（东配房）木构架树种鉴定表

编号	名称	位置	树种	拉丁学名
1	柱	C-4	落叶松	*Larix sp.*
2	三架梁	3-B-D	云杉	*Picea sp.*
3	五架梁	3-B-D	落叶松	*Larix sp.*
4	脊檩	3-4-C	硬木松	*Pinus sp.*
5	后金檩	3-4-D	硬木松	*Pinus sp.*
6	脊檩枋	3-4-C	软木松	*Pinus sp.*

6. 结构安全性鉴定

6.1 评定方法和原则

根据 DB11/T1190.1—2015，古建筑安全性鉴定分为构件、子单元、鉴定单元 3 个项目。首先根据构件各项目检查结果，判定单个构件安全性等级，然后根据子单元各项目检查结果及各种构件的安全性等级，判定子单元安全性等级，最后根据各子单元的安全性等级，判定鉴定单元安全性等级。

本次鉴定将委托鉴定的区域列为 1 个鉴定单元，每个鉴定单元分为地基基础、上部承重结构及围护系统 3 个子单元，分别对其安全性进行评定。

6.2 子单元安全性鉴定评级

地基基础安全性评定

经检查，未发现地基基础存在影响上部结构安全的不均匀沉降裂缝和明显变形，因此，本鉴定单元地基基础的安全性评为 A_u 级。

上部承重结构安全性评定

（1）构件的安全性鉴定

木构件的安全性等级判定，应按承载能力、构造、不适于继续承载的位移（或变形）、裂缝、腐朽、虫蛀、天然缺陷、历次加固现状等检查项目，分别判定每一受检构件的等级，并取其中最低一级作为该构件的安全性等级。

1）木柱安全性评定

2 根柱存在轻微残损，评为 b_u 级；其余柱未发现存在明显变形、裂缝及腐朽等缺陷，均评为 a_u 级。

经统计评定，柱构件的安全性等级为 A_u 级。

2）木梁架中构件安全性评定

3 根梁存在明显开裂，裂缝深度超过材宽的 1/4，但均经过加固，上述梁构件评为 b_u 级。

1 根檩存在明显开裂，裂缝深度超过材宽的 1/4，上述梁构件评为 c_u 级。

其他梁檩枋楞木构件未发现存在明显变形、裂缝及腐朽等缺陷，均评为 a_u 级。

经统计评定，梁构件的安全性等级为 B_u 级；檩、枋、楞木的安全性等级为 B_u 级。

（2）结构整体性安全性评定

1）整体倾斜安全性评定

经测量，结构未发现存在明显整体倾斜，评为 A_u 级。

2）局部倾斜安全性评定

经测量，多根柱子存在一定程度的相对位移，但未大于 H/90，局部倾斜综合评为 B_u 级。

3）构件间的联系安全性评定

纵向连枋及其联系构件的连接未出现明显松动，构架间的联系综合评为 A_u 级。

4）梁柱间的联系安全性评定

榫卯节点未发现存在拔榫现象，梁柱间的联系综合评定为 A_u 级。

5）榫卯完好程度安全性评定

榫卯材质基本完好，1 处榫卯存在明显劈裂，榫卯完好程度综合评定为 B_u 级。

综合评定该单元上部承重结构整体性的安全性等级为 B_u 级。

综上，上部承重结构的安全性等级评定为 B_u 级。

围护系统安全性评定

围护系统主要包括自承重墙体、屋面等构件。

墙体未发现存在明显开裂，风化及变形，该项目评定为 A_u 级。

屋面未见明显破损现象，该项目评定为 A_u 级。

综合评定该单元围护系统的安全性等级为 A_u 级。

6.3 鉴定单元的鉴定评级

综合上述，根据DB11/T1190.1—2015《古建筑结构安全性鉴定技术规范 第1部分：木结构》，鉴定单元的安全性等级评为 B_{su} 级，安全性略低于本标准对 A_{su} 级的要求，尚不显著影响整体承载。

7. 处理建议

（1）建议对部分未采取加固措施的开裂程度相对较大的檩及瓜柱等木构件进行修复处理，可采用嵌补的方法进行修整，再用铁箍箍紧。

（2）建议对存在风化剥落的阶条石进行修复处理。

第九章 十三号房（西厢房）结构安全检测鉴定

1. 建筑概况

1.1 建筑简况

十三号房（西厢房）面积43平方米，五檩带前卷廊硬山建筑，面阔三间，下设直方形砖砌台基。

1.2 现状立面照片

十三号房（西厢房）东立面

199

十三号房（西厢房）西立面

1.3 建筑测绘图纸

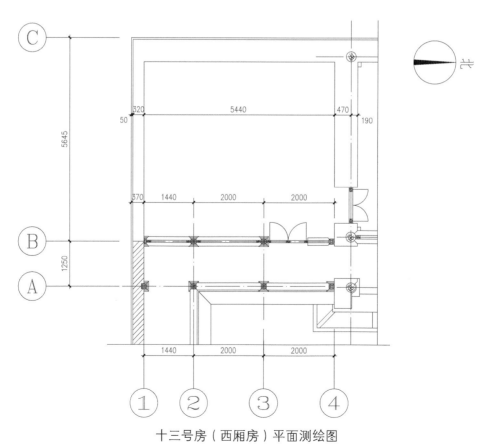

十三号房（西厢房）平面测绘图

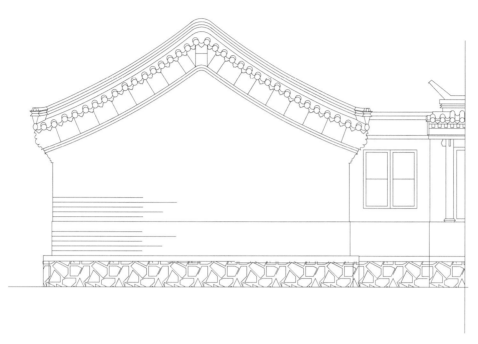

十三号房（西厢房）南立面测绘图

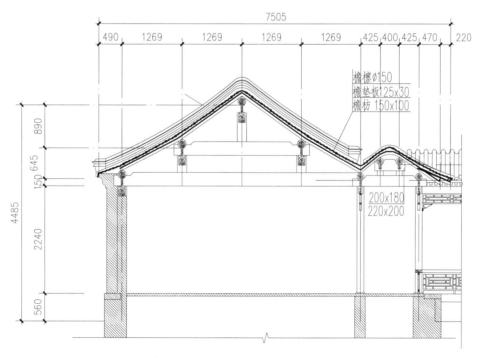

十三号房（西厢房）剖面测绘图

2. 结构振动测试

现场使用 941B 型超低频测振仪、Dasp 数据采集分析软件对结构进行振动测试，测振仪放置在 7 轴梁架南侧抱头梁上；同时测得结构水平最大响应速度为 0.10 毫米 / 秒。

结构振动测试一览表

方向	峰值频率（赫兹）
东西向	4.79
南北向	5.18

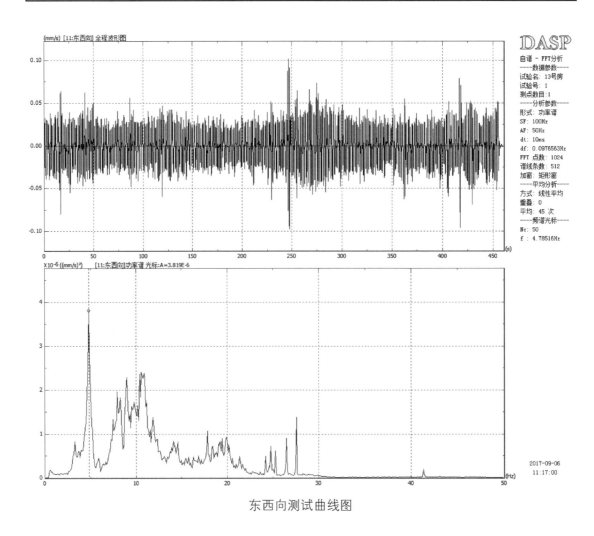

东西向测试曲线图

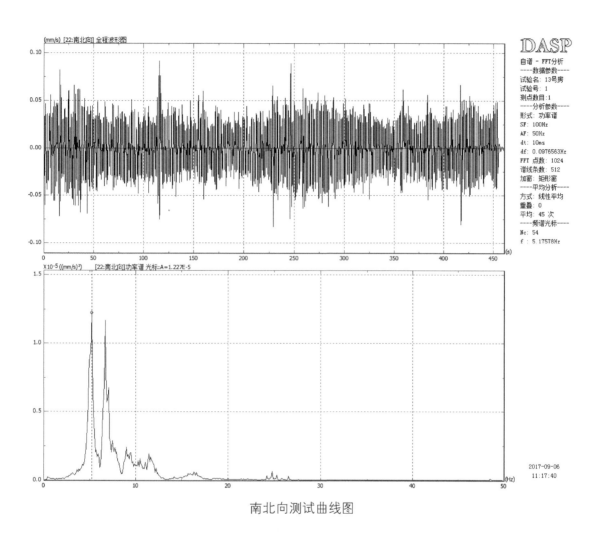

南北向测试曲线图

自振频率是由质量和刚度共同决定的，其中，建筑平面体型、墙体布置、结构内部损伤等因素会影响结构的刚度。

依据《古建筑防工业振动技术规范》GB/T50452—2008，古建筑木结构的水平固有频率为

$$f = \frac{1}{2\pi H} \lambda_y \varphi \frac{1}{2 \times 3.14 \times 2.39} \times 1.571 \times 52 = 5.44\text{Hz}$$

结构南北向的实测频率为 4.79 赫兹，低于计算频率，经检查，本结构脊檩基本悬空，未与墙体产生有效约束，结构刚度变小，导致结构频率变低。

根据《古建筑防工业振动技术规范》GB/T50452—2008，对于国家文物保护单位关于木结构顶层柱顶水平容许振动速度最高不能超过 0.18 毫米 / 秒 ～ 0.22 毫米 / 秒，本结构水平振动速度未超过规范的限值。

3. 地基基础雷达探查

采用地质雷达对结构地基基础进行探查。雷达天线频率为 300 兆赫，雷达扫描路线示意图、结构详细测试结果如下：

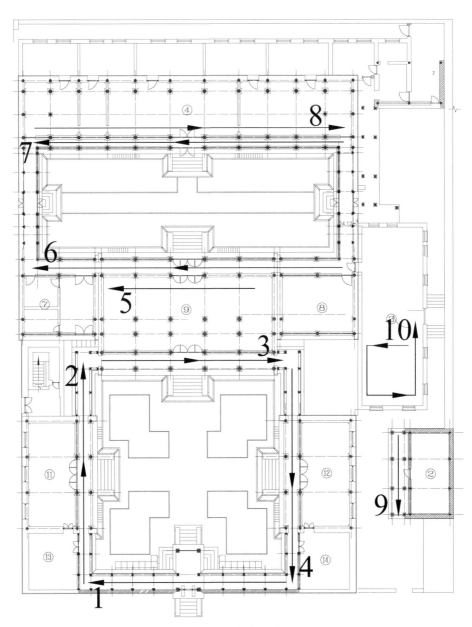

雷达扫描路线示意图

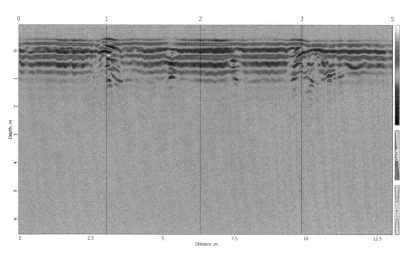

路线2（东侧走廊，图中中间部位0～1点区域为十三号房）雷达测试图

由雷达测试结果可见，台基下方雷达反射波基本平直连续，没有明显空洞等缺陷。由于地面无法开挖与雷达图像进行比对，解释结果仅作为参考。

4. 结构外观质量检查

4.1 地基基础

经现场检查，台基未见明显损坏，上部结构未见因地基不均匀沉降而导致的明显裂缝和变形，建筑的地基基础承载状况基本良好，台基现状如下图：

十三号房（西厢房）东侧台基

4.2 围护结构

经现场检查，西侧外墙存在轻微风化剥落现象，其他墙体没有明显的开裂和鼓闪变形，现状如下图：

十三号房（西厢房）西侧外墙

4.3 屋盖结构

经现场检查，屋盖结构基本完好，未见其他破损现象，未见明显渗漏现象，屋檐现状如下图：

十三号房（西厢房）西侧屋檐

十三号房（西厢房）东侧屋檐

4.4 木构架

对十三号房（西厢房）具备检测条件的木构架进行检查，经检查，木构架存在的残损现象主要有：部分梁枋檩等构件存在轻微的干缩裂缝。

典型木构架残损现状、各榀木梁架现状如下：

十三号房（西厢房）木构架 3 轴三架梁及五架梁轻微开裂

十三号房（西厢房）4 轴梁架

十三号房（西厢房）3 轴梁架

4.5 台基相对高差测量

现场对房屋的柱础石上表面的相对高差进行了测量，测量结果如下：

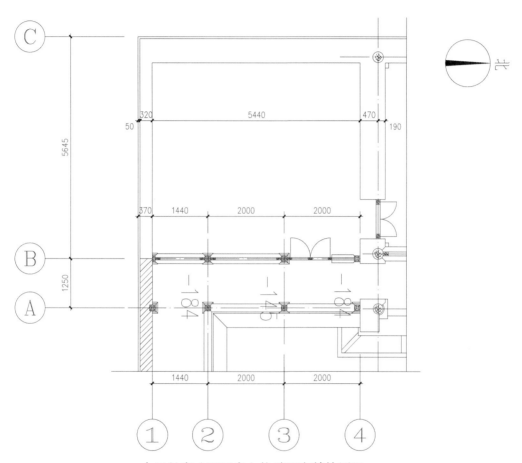

十三号房（西厢房）柱础石高差检测图

测量结果表明，各柱础石顶部存在一定的相对高差，呈现中间高，两侧低的现象。其中 3-A 轴柱础相对位置最高，与 4-A 及 2-A 轴处柱础之间的相对高差最大，为 39 毫米，由于结构初期可能存在施工偏差，此部分高差不完全是地基的沉降差，鉴于目前未发现结构存在因地基不均匀沉降而导致的明显损坏现象，可暂不进行处理。

4.6 木构架局部倾斜

现场测量部分柱的倾斜程度，测量结果如下：

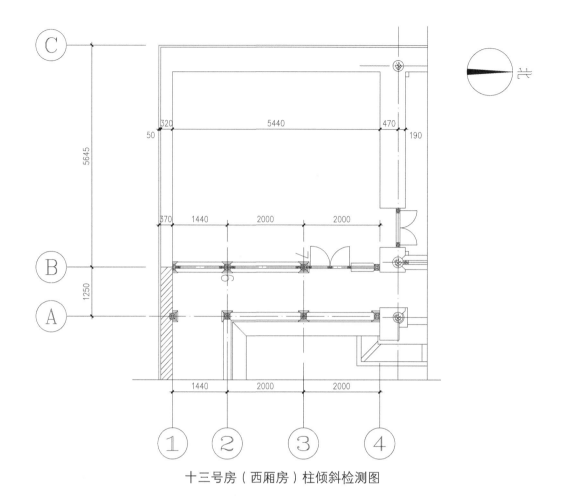

十三号房（西厢房）柱倾斜检测图

柱边的数据表示柱底部1米的高度范围内上端和下端的相对垂直偏差，数字的位置表示柱上部偏移的方向。由图可见，B轴檐柱上端在东西向偏移趋势不一致。最大相对位移 Δ=7 毫米 <H/90=11 毫米，未超出规范的限值。

5. 木结构材质状况勘察

5.1 勘察概述

勘查目的

主要对木结构进行无（微）损检测，评价其材质状况（腐朽、开裂、断裂等）；检测同时对部分木构件进行取样和树种鉴定，以获得该建筑使用木材的物理力学性质等特性，从而为古建筑维护选材提供依据。

勘查方法

在条件具备的情况下，通过观测、敲击和简单工具对该建筑单体所有能触及的木构件进行普查，记录木构件的材质状况，包括含水率概况，开裂、腐朽等，对存在问题的木构件选择性进行取样和树种鉴定。

抽查部分裸露的木柱进行阻力仪深层探测，以抽查目测存在缺陷、含水率较高或敲击异常的木柱为主。

阻力仪检测结果说明

此次对木结构材质状况的勘查主要分为以下 3 个步骤：木构件材质状况普查、主要承重构件的深层检测和构件的树种鉴定。建筑单体的普查是通过目测、敲击和部分工具对该建筑单体所有能触及的木构件进行整体检测，记录木构件的材质状况；深层检测是在普查的数据基础上，利用无损检测仪器对部分存在问题的立柱构件进行深层分析。用于本次深层检测的仪器为阻力仪。

阻力仪检测结果中，黄色区域表示估计的轻度腐朽面积；橘红色区域表示估计的中度腐朽面积；红色区域表示估计的重度腐朽面积或裂缝区域。本书中绘制的腐朽面积和真正的腐朽面积有一定误差，但不影响分析结果。一般来说，绘制图较多的柱子，其腐朽问题也比较严重。

立柱勘查一般从距柱根 20 厘米开始约到柱高 1/3，若 20 厘米处明显严重腐朽或探测存在问题则每隔一定高度（如 30 厘米）往上补充勘查，比如说 20 厘米、50 厘米、80 厘米，依此类推；若 20 厘米处探测没有材质问题，则不进行 50 厘米高度的探测。下述图中若只有 20 厘米高度的勘查图形，表示 50 厘米高度及以上的勘查结果正常。

轻度区域　　　　中度区域　　　重度腐朽或裂缝区域

缺陷分等示意图

5.2 材质状况检测结果

经测试，十三号房（西厢房）木构件平均含水率为 11.32%，木构件含水率大多在 9.0%～13.0% 之间；不存在含水率测定数值非常异常的木构件。

十三号房（西厢房）木构件开裂较为常见但不存在严重残损。此外部分木构件存在轻微腐朽，如五架梁 3-A-C 表皮轻微腐朽。

部分木构件材质状况现状如下图：

十三号房（西厢房）五架梁 3-A-C 表皮轻微腐朽（约长 15 厘米宽 3 厘米，深 2 厘米）

5.3 阻力仪检测结果

通过对十三号房（西厢房）立柱普查数据进行分析，选取以下立柱进行了阻力仪检测，结果表明 B-1 内部存在极轻微的残损，检测立柱统计信息如下：

十三号房（西厢房）立柱材质状况简表

编号	名称	位置	材质状况
1	柱	A-2	未发现严重残损。
2	柱	A-3	未发现严重残损。
3	柱	B-1	立柱内部存在轻微残损。
4	柱	B-2	未发现严重残损。
5	柱	其他	其他裸露立柱通过普查未发现严重残损。
备注：残损计算面积及位置和真正残损会有一定的误差，但一般来说残损检测面积越大的其实际残损也越严重；图中橙色为中度及以上的残损区域，黄色为轻度残损区域。			

检测存在问题立柱的残损位置及大小示意图如下：

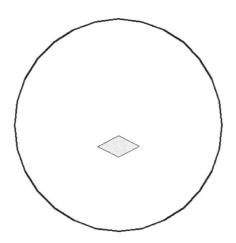

B-1立柱残损示意图（高度20厘米处）

5.4 树种鉴定结果

本书中所涉及的相关树种鉴定结果，均是在不破坏和不影响各建筑外观、结构和功能的前提条件下，采用多种方法对各构件进行取样，经专业人员切片、制片，再由有关专家通过光学显微镜观察，并查阅大量的相关资料得出。

十三号房（西厢房）木构架树种鉴定结果如下：

十三号房（西厢房）木构架树种鉴定表

编号	名称	位置	树种	拉丁学名
1	柱	A-2	软木松	*Pinus sp.*
2	三架梁	3-A-C	硬木松	*Pinus sp.*
3	五架梁	3-A-C	落叶松	*Larix sp.*
4	脊檩	2-3-B	落叶松	*Larix sp.*
5	前金檩	2-3-A	硬木松	*Pinus sp.*
6	后金檩	2-3-C	硬木松	*Pinus sp.*

6. 结构安全性鉴定

6.1 评定方法和原则

根据 DB11/T1190.1—2015，古建筑安全性鉴定分为构件、子单元、鉴定单元3个项目。首先根据构件各项目检查结果，判定单个构件安全性等级，然后根据子单元各项目检查结果及各种构件的安全性等级，判定子单元安全性等级，最后根据各子单元的安全性等级，判定鉴定单元安全性等级。

本次鉴定将委托鉴定的区域列为 1 个鉴定单元，每个鉴定单元分为地基基础、上部承重结构及围护系统 3 个子单元，分别对其安全性进行评定。

6.2 子单元安全性鉴定评级

地基基础安全性评定

经检查，未发现地基基础存在影响上部结构安全的不均匀沉降裂缝和明显变形，因此，本鉴定单元地基基础的安全性评为 A_u 级。

上部承重结构安全性评定

（1）构件的安全性鉴定

木构件的安全性等级判定，应按承载能力、构造、不适于继续承载的位移（或变形）、裂缝、腐朽、虫蛀、天然缺陷、历次加固现状等检查项目，分别判定每一受检构件的等级，并取其中最低一级作为该构件的安全性等级。

1）木柱安全性评定

1 根柱存在轻微残损，评为 b_u 级；其余柱未发现存在明显变形、裂缝及腐朽等缺陷，均评为 a_u 级。

经统计评定，柱构件的安全性等级为 A_u 级。

2）木梁架中构件安全性评定

多根梁檩枋存在轻微开裂，1 根梁存在轻微腐朽，上述缺陷均未超过规范限值，上述构件评为 b_u 级。

其他梁檩枋楞木构件未发现存在明显变形、裂缝及腐朽等缺陷，均评为 a_u 级。

经统计评定，梁构件的安全性等级为 B_u 级；檩、枋、楞木的安全性等级为 B_u 级。

（2）结构整体性安全性评定

1）整体倾斜安全性评定

经测量，结构未发现存在明显整体倾斜，评为 A_u 级。

2）局部倾斜安全性评定

经测量，多根柱子存在一定程度的相对位移，但未大于 H/90，局部倾斜综合评为

B_u 级。

3）构件间的联系安全性评定

纵向连枋及其联系构件的连接未出现明显松动，构架间的联系综合评为 A_u 级。

4）梁柱间的联系安全性评定

榫卯节点未发现存在拔榫现象，梁柱间的联系综合评定为 A_u 级。

5）榫卯完好程度安全性评定

榫卯材质基本完好，榫卯完好程度综合评定为 A_u 级。

综合评定该单元上部承重结构整体性的安全性等级为 A_u 级。

综上，上部承重结构的安全性等级评定为 A_u 级。

围护系统安全性评定

围护系统主要包括自承重墙体、屋面等构件。

西侧外墙存在轻微风化剥落现象，未发现存在其他明显开裂及变形，该项目评定为 B_u 级。

屋面未见明显破损现象，该项目评定为 A_u 级。

综合评定该单元围护系统的安全性等级为 B_u 级。

6.3 鉴定单元的鉴定评级

综合上述，根据 DB11/T1190.1—2015《古建筑结构安全性鉴定技术规范 第1部分：木结构》，鉴定单元的安全性等级评为 B_{su} 级，安全性略低于本标准对 A_{su} 级的要求，尚不显著影响整体承载。

7. 处理建议

（1）有条件可对开裂的梁檩枋等木构件进行修复处理，可采取铁箍箍紧的加固方式。

（2）建议对存在风化剥落的墙体进行修复处理。

第十章 十四号房（后罩房）结构安全检测鉴定

1. 建筑概况

1.1 建筑简况

十四号房（东厢房）面积 43 平方米，五檩带前卷廊硬山建筑，面阔三间，下设直方形砖砌台基。

1.2 现状立面照片

十四号房（东厢房）西立面

十四号房（东厢房）东立面

十四号房（东厢房）南立面

1.3 建筑测绘图纸

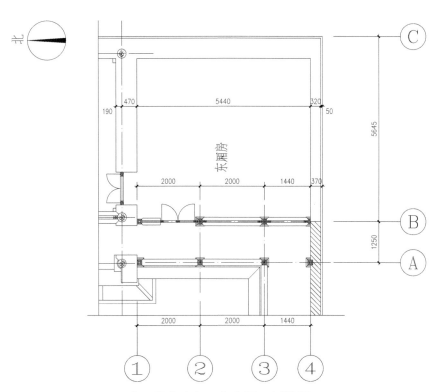

十四号房（东厢房）平面测绘图

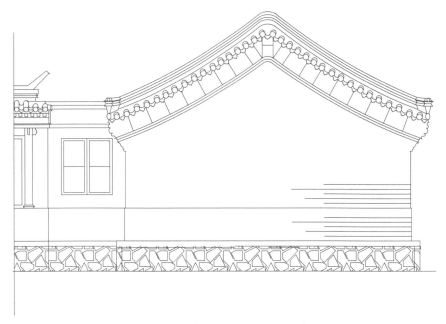

十四号房（东厢房）南立面测绘图

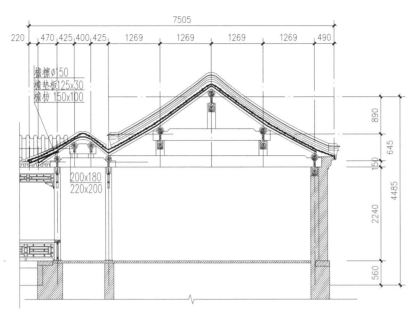

十四号房（东厢房）剖面测绘图

2. 结构振动测试

现场使用 941B 型超低频测振仪、Dasp 数据采集分析软件对结构进行振动测试，测振仪放置在 7 轴梁架南侧抱头梁上；同时测得结构水平最大响应速度为 0.093 毫米 / 秒。

结构振动测试一览表

方向	峰值频率（赫兹）
东西向	5.47
南北向	5.47

自振频率是由质量和刚度共同决定的，其中，建筑平面体型、墙体布置、结构内部损伤等因素会影响结构的刚度。

依据《古建筑防工业振动技术规范》GB/T50452—2008，古建筑木结构的水平固有频率为

$$f = \frac{1}{2\pi H} \lambda_j \varphi \frac{1}{2 \times 3.14 \times 2.39} \times 1.571 \times 52 = 5.44 \text{Hz}$$

结构南北向的实测频率为 5.47 赫兹，与实测频率基本相同。

根据《古建筑防工业振动技术规范》GB/T50452—2008，对于国家文物保护单位关

219

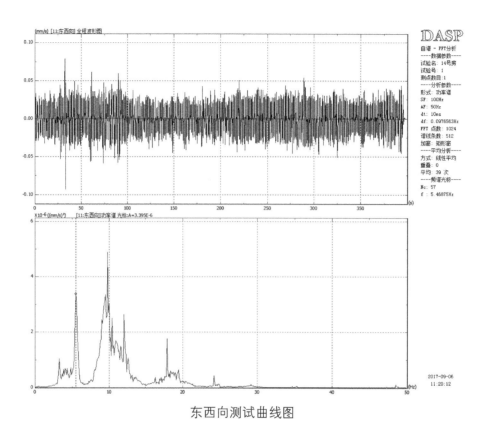

东西向测试曲线图

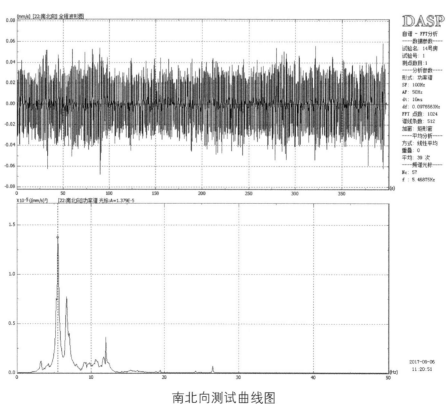

南北向测试曲线图

于木结构顶层柱顶水平容许振动速度最高不能超过 0.18 毫米 / 秒～0.22 毫米 / 秒，本结构水平振动速度未超过规范的限值。

3. 地基基础雷达探查

采用地质雷达对结构地基基础进行探查。雷达天线频率为 300 兆赫，雷达扫描路线示意图、结构详细测试结果如下：

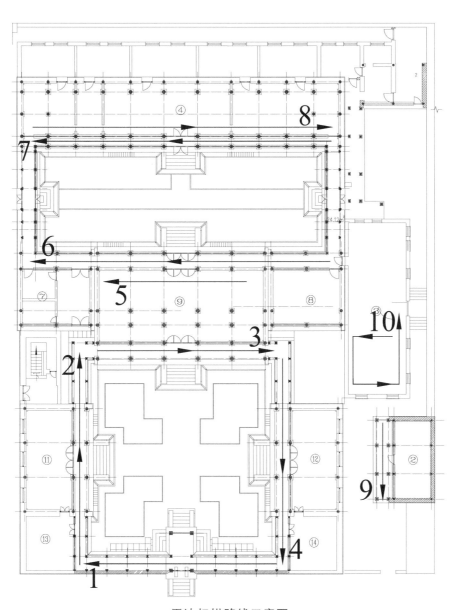

雷达扫描路线示意图

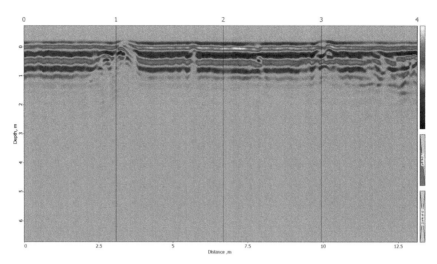

路线 4（西侧走廊，图中中间部位 3～4 点区域为十四号房）雷达测试图

由雷达测试结果可见，台基下方雷达反射波基本平直连续，没有明显空洞等缺陷。由于地面无法开挖与雷达图像进行比对，解释结果仅作为参考。

4. 结构外观质量检查

4.1 地基基础

经现场检查，台基未见明显损坏，上部结构未见因地基不均匀沉降而导致的明显裂缝和变形，建筑的地基基础承载状况基本良好，台基现状如下图：

十四号房（东厢房）西侧台基

十四号房（东厢房）东侧台基

4.2 围护结构

经现场检查，墙体基本完好，没有明显的开裂和鼓闪变形，南侧外墙存在返碱腐蚀的现象，墙体现状如下图：

十四号房（东厢房）东侧外墙

十四号房（东厢房）南侧外墙

4.3 屋盖结构

经现场检查，屋盖结构基本完好，未见其他破损现象，未见明显渗漏现象，屋檐现状如下图：

十四号房（东厢房）西侧屋檐

十四号房（东厢房）东侧屋檐

4.4 木构架

对十四号房（东厢房）具备检测条件的木构架进行检查，经检查，木构架存在的残损现象主要有：部分梁枋檩等构件存在干缩裂缝。

典型木构架残损现状、各榀木梁架现状如下：

十四号房（东厢房）木构架 1 轴五架梁裂缝

十四号房（东厢房）木构架 1-2-B 前檐檩开裂

十四号房（东厢房）1 轴梁架

十四号房（东厢房）2轴梁架

4.5 台基相对高差测量

现场对房屋的柱础石上表面的相对高差进行了测量，测量结果如下：

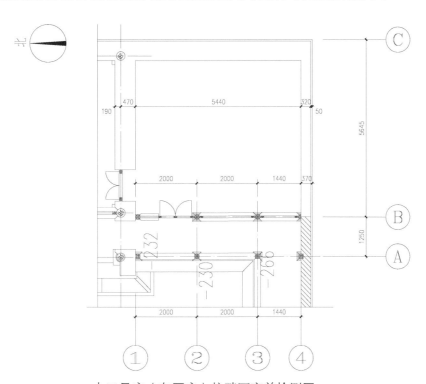

十四号房（东厢房）柱础石高差检测图

测量结果表明，各柱础石顶部存在一定的相对高差，其中 2-A 轴柱础相对位置最高，与 3-A 轴处柱础之间的相对高差最大，为 33 毫米，由于结构初期可能存在施工偏差，此部分高差不完全是地基的沉降差，鉴于目前未发现结构存在因地基不均匀沉降而导致的明显损坏现象，可暂不进行处理。

4.6 木构架局部倾斜

现场测量部分柱的倾斜程度，测量结果如下：

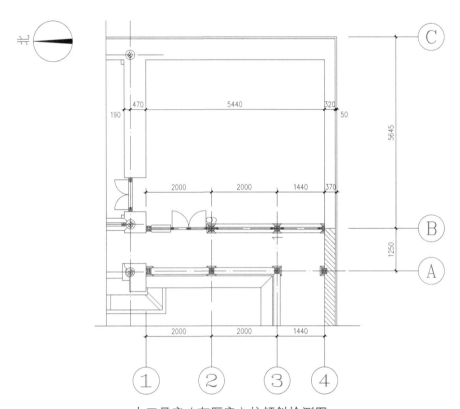

十四号房（东厢房）柱倾斜检测图

柱边的数据表示柱底部 1 米的高度范围内上端和下端的相对垂直偏差，数字的位置表示柱上部偏移的方向。由图可见，B 轴檐柱上端在东西向偏移趋势不一致。最大相对位移 Δ=9 毫米 <H/90=11 毫米，未超出规范的限值。

5. 木结构材质状况勘察

5.1 勘察概述

勘查目的

主要对木结构进行无（微）损检测，评价其材质状况（腐朽、开裂、断裂等）；检测同时对部分木构件进行取样和树种鉴定，以获得该建筑使用木材的物理力学性质等特性，从而为古建筑维护选材提供依据。

勘查方法

在条件具备的情况下，通过观测、敲击和简单工具对该建筑单体所有能触及的木构件进行普查，记录木构件的材质状况，包括含水率概况，开裂、腐朽等，对存在问题的木构件选择性进行取样和树种鉴定。

抽查部分裸露的木柱进行阻力仪深层探测，以抽查目测存在缺陷、含水率较高或敲击异常的木柱为主。

阻力仪检测结果说明

此次对木结构材质状况的勘查主要分为以下 3 个步骤：木构件材质状况普查、主要承重构件的深层检测和构件的树种鉴定。建筑单体的普查是通过目测、敲击和部分工具对该建筑单体所有能触及的木构件进行整体检测，记录木构件的材质状况；深层检测是在普查的数据基础上，利用无损检测仪器对部分存在问题的立柱构件进行深层分析。用于本次深层检测的仪器为阻力仪。

阻力仪检测结果中，黄色区域表示估计的轻度腐朽面积；橘红色区域表示估计的中度腐朽面积；红色区域表示估计的重度腐朽面积或裂缝区域。本书中绘制的腐朽面积和真正的腐朽面积有一定误差，但不影响分析结果。一般来说，绘制图较多的柱子，其腐朽问题也比较严重。

立柱勘查一般从距柱根 20 厘米开始约到柱高 1/3，若 20 厘米处明显严重腐朽或探测存在问题则每隔一定高度（如 30 厘米）往上补充勘查，比如说 20 厘米、50 厘米、80 厘米，依此类推；若 20 厘米处探测没有材质问题，则不进行 50 厘米高度的探测。下述图中若只有 20 厘米高度的勘查图形，表示 50 厘米高度及以上的勘查结果正常。

| 轻度区域 | 中度区域 | 重度腐朽或裂缝区域 |

缺陷分等示意图

5.2 材质状况检测结果

经测试，十四号房（东厢房）木构件平均含水率为 10.92%，木构件含水率大多在 9.0%～13.0% 之间；不存在含水率测定数值非常异常的木构件。

十四号房（东厢房）存在的主要材质问题为开裂，如后檐檩 1-2-C 贯通开裂（最宽处约宽 2.0 厘米）。

部分木构件材质现状如下图：

十四号房（东厢房）后檐檩 1-2-C 贯通开裂（最宽处约宽 2.0 厘米深 10 厘米）

5.3 阻力仪检测结果

通过对十四号房（东厢房）立柱普查数据进行分析，选取以下立柱进行了阻力仪检测，经检测抽检立柱未发现严重残损，检测立柱统计信息如下。

十四号房（东厢房）立柱材质状况简表

编号	名称	位置	材质状况
1	柱	A-2	未发现严重残损。
2	柱	A-3	未发现严重残损。
3	柱	B-3	未发现严重残损。
4	柱	B-4	未发现严重残损。
5	柱	其他	其他裸露立柱通过普查未发现严重残损。
备注：残损计算面积及位置和真正残损会有一定的误差，但一般来说残损检测面积越大的其实际残损也越严重；图中橙色为中度及以上的残损区域，黄色为轻度残损区域。			

5.4 树种鉴定结果

本书中所涉及的相关树种鉴定结果，均是在不破坏和不影响各建筑外观、结构和功能的前提条件下，采用多种方法对各构件进行取样，经专业人员切片、制片，再由有关专家通过光学显微镜观察，并查阅大量的相关资料得出。

十四号房（东厢房）木构架树种鉴定结果如下：

十四号房（东厢房）木构架树种鉴定表

编号	名称	位置	树种	拉丁学名
1	柱	A-2	软木松	*Pinus sp.*
2	三架梁	2-A-C	软木松	*Pinus sp.*
3	五架梁	2-A-C	硬木松	*Pinus sp.*
4	脊檩	2-3-B	硬木松	*Pinus sp.*
5	前金檩	2-3-A	落叶松	*Larix sp.*
6	后金檩	2-3-C	落叶松	*Larix sp.*

6. 结构安全性鉴定

6.1 评定方法和原则

根据 DB11/T1190.1—2015，古建筑安全性鉴定分为构件、子单元、鉴定单元 3 个项目。首先根据构件各项目检查结果，判定单个构件安全性等级，然后根据子单元各项目检查结果及各种构件的安全性等级，判定子单元安全性等级，最后根据各子单元的安全性等级，判定鉴定单元安全性等级。

本次鉴定将委托鉴定的区域列为 1 个鉴定单元，每个鉴定单元分为地基基础、上部承重结构及围护系统 3 个子单元，分别对其安全性进行评定。

6.2 子单元安全性鉴定评级

地基基础安全性评定

经检查，未发现地基基础存在影响上部结构安全的不均匀沉降裂缝和明显变形，因此，本鉴定单元地基基础的安全性评为 A_u 级。

上部承重结构安全性评定

（1）构件的安全性鉴定

木构件的安全性等级判定，应按承载能力、构造、不适于继续承载的位移（或变形）、裂缝、腐朽、虫蛀、天然缺陷、历次加固现状等检查项目，分别判定每一受检构件的等级，并取其中最低一级作为该构件的安全性等级。

1）木柱安全性评定

各柱未发现存在明显变形、裂缝及腐朽等缺陷，均评为 a_u 级。

经统计评定，柱构件的安全性等级为 A_u 级。

2）木梁架中构件安全性评定

1 根梁存在明显开裂，裂缝深度超过材宽的 1/4，上述梁构件评为 c_u 级。

2 根檩存在明显开裂，裂缝深度超过材宽的 1/4，上述梁构件评为 c_u 级。

其他梁檩枋楞木构件未发现存在明显变形、裂缝及腐朽等缺陷，均评为 a_u 级。

经统计评定，梁构件的安全性等级为 B_u 级；檩、枋、楞木的安全性等级为 B_u 级。

（2）结构整体性安全性评定

1）整体倾斜安全性评定

经测量，结构未发现存在明显整体倾斜，评为 A_u 级。

2）局部倾斜安全性评定

经测量，多根柱子存在一定程度的相对位移，但未大于 H/90，局部倾斜综合评为 B_u 级。

3）构件间的联系安全性评定

纵向连枋及其联系构件的连接未出现明显松动，构架间的联系综合评为 A_u 级。

4）梁柱间的联系安全性评定

榫卯节点未发现存在拔榫现象，梁柱间的联系综合评定为 A_u 级。

5）榫卯完好程度安全性评定

榫卯材质基本完好，榫卯完好程度综合评定为 A_u 级。

综合评定该单元上部承重结构整体性的安全性等级为 A_u 级。

综上，上部承重结构的安全性等级评定为 A_u 级。

围护系统安全性评定

围护系统主要包括自承重墙体、屋面等构件。

南侧外墙存在返碱腐蚀的现象，未发现存在其他明显开裂及变形，该项目评定为 B_u 级。

屋面未见明显破损现象，该项目评定为 A_u 级。

综合评定该单元围护系统的安全性等级为 B_u 级。

6.3 鉴定单元的鉴定评级

综合上述，根据 DB11/T1190.1—2015《古建筑结构安全性鉴定技术规范 第1部分：木结构》，鉴定单元的安全性等级评为 B_{su} 级，安全性略低于本标准对 A_{su} 级的要求，尚不显著影响整体承载。

7. 处理建议

（1）有条件可对开裂的梁檩枋等木构件进行修复处理，可采取铁箍箍紧的加固方式。

（2）建议对存在返碱腐蚀的墙体进行修复处理。

后 记

　　从此检测项目开始，许立华所长、韩扬老师、关建光老师、黎冬青老师给与了大量的支持和建议，居敬泽、杜德杰、陈勇平、姜玲、胡睿、王丹艺、房瑞、刘通等同志，在开展勘察、测绘、摄影、资料搜集、检测、树种鉴定等方面做了大量工作。在此致以诚挚的感谢。

　　本书虽已付梓，但仍感有诸多不足之处。对于北京文物建筑本体及其预防性保护研究仍然需要长期细致认真的工作，我们将继续努力研究探索。至此再次感谢为本书出版给予帮助、支持的每一位领导、同事、朋友，感谢每一位读者，并期待大家的批评和建议。

张　涛

2020 年 8 月 11 日